"十四五"职业教育国家规划教材

U0261613

PINGFA JIEDU
YU YINGYONG

段丽萍 主 编

刘 锷 于建民 副主编

平法解读与应用

第二版

化学工业出版社

·北京·

内容简介

本书详细阐述了混凝土结构施工图平面整体表示方法（简称平法）表达钢筋混凝土梁、板、柱、剪力墙、常用基础、楼梯的制图规则及构造要求。通过对比"正投影表示法"结构施工图（平面、立面、剖面表示法）与平法绘制的结构施工图，来讲解平法所表达的内容及应用平法的注意事项。

本书语言简练、通俗易懂、实用性强，注重对平法制图规则的阐述，并且通过典型工程实例解读平法，以帮助读者正确理解并应用平法，体现了职业教育理论实践一体化，突出技能操作的教育原则。每章前配有学习目标、能力目标，提示学生抓住学习重点，提高学习效率，同时配有素质目标，从思想上教育学生树立正确的学习态度，提高学生的专业素质；每章后还配有相应的实训题。突出了岗位要求的核心知识与技能，边讲边练，工学结合，同时兼顾学生的可持续发展。体现了党的二十大"统筹职业教育、高等教育、继续教育协同创新，推进职普融通、产教融合、科教融汇，优化职业教育类型定位"的精神。

本书配备了微课视频等丰富的数字资源，方便读者自学，读者可通过扫描书中二维码获取。

本书紧跟最新平面表示法系列图集的步伐，对第一版的内容做了相应修改与补充。

本书可与《建筑工程施工图实例解读 第三版》（段丽萍主编）一书配套使用。

本书可作为应用型本科、高等职业院校土建类专业的教学用书，也可供在职职工岗位培训及工程技术人员参考使用。

图书在版编目（CIP）数据

平法解读与应用/段丽萍主编. —2版. —北京：化学工业出版社，2019.9（2023.9重印）
ISBN 978-7-122-34691-9

Ⅰ.①平… Ⅱ.①段… Ⅲ.①钢筋混凝土结构-建筑制图-高等职业教育-教材 Ⅳ.①TU375.04

中国版本图书馆CIP数据核字（2019）第118899号

责任编辑：李仙华 文字编辑：向 东
责任校对：杜杏然 装帧设计：史利平

出版发行：化学工业出版社（北京市东城区青年湖南街13号 邮政编码100011）
印 装：大厂聚鑫印刷有限责任公司
880mm×1230mm 1/16 印张11¾ 彩插3 字数346千字 2023年9月北京第2版第2次印刷

购书咨询：010-64518888 售后服务：010-64518899
网 址：http://www.cip.com.cn
凡购买本书，如有缺损质量问题，本社销售中心负责调换。

定 价：36.00元

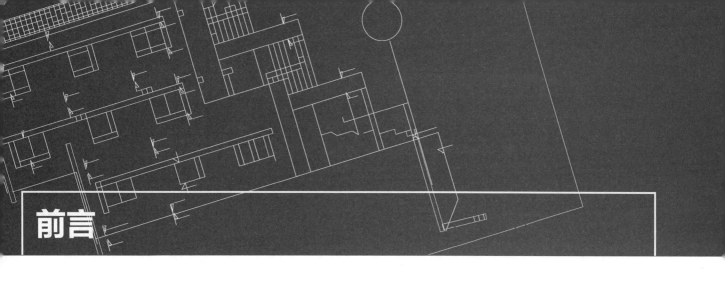

前言

　　根据高等学校人才培养规格与目标，结合职业岗位能力需求，毕业生应具有将工程施工图纸转化为建筑实体的能力，同时能根据施工图进行工程量计算，并能正确编制工程量清单，确定工程造价。针对当前建筑结构施工图全面采用混凝土结构施工图平面整体表示方法（简称平法）的现状，为帮助广大工程技术人员及相关专业的学生，阅读理解并正确使用"平法"绘制的结构施工图，为此编写了本教材。本书 2020 年入选为"十三五"职业教育国家规划教材，2023 年入选为"十四五"职业教育国家规划教材。

　　本书详细阐述平法表达梁、板、柱、剪力墙、常用基础和楼梯的制图规则、构造要求及施工注意事项；采用传统"正投影表示法"绘制结构施工图（平面、立面、剖面表示法）与"平法"绘制的相同结构施工图，相互对比讲解"平法"绘制的各种结构施工图所表达的内容。容易出错或理解有难度的知识点，相应予以指导，并给出注意事项。优选了一些基础的、典型的、有代表性的平面图形对应给出三维彩图，以帮助学习者更好地理解"平面表示法"所表达的建筑结构三维图形，达到正确读懂"平法"所表达的建筑结构施工图纸的目的。解读"平法"内涵的同时更注重实际应用，利用典型实例之立面图、剖面图、钢筋配料表，并增加抽筋图的方式进一步剖析"平法"表达的内容，详解钢筋下料计算，以便读者阅读平法施工图时，一步到位将实操所需知识学习到位，并配以典型实例，详实辅助讲解"平法"规则，起到事半功倍的作用。

　　为贯彻党和国家实干兴邦、埋头苦干、奋勇前进，为全面建设社会主义现代化国家，全面推进中华名族伟大复兴而奋斗的目标，本书在每章前均设有学习目标、能力目标，提示学生抓住学习重点，提高学习效率；同时针对"平法"简约抽象的特点，每章前还配有素质目标，并根据各章节的不同内容，从思想层面培养学生耐心细致，严谨认真的工作作风，为祖国建造安全可靠人民放心的房屋而努力奋斗的精神。每章之后还配有单项能力实训题及综合能力实训题，语言简练、通俗易懂，不仅注重对平法制图规则的阐述，而且强调读者对于工程实践相关知识的理解，配有大量附图，使平法表达形象化、简单化，实用性强，是在校学生、建筑工人学习建筑结构施工图平面整体表示方法的好帮手。

　　本教材推动信息技术与教育教学的深度融合，以互联网为载体，以信息技术为手段，为方便学校教学及学生课后自学的需要，本书将数字资源与纸质教材充分交融。读者可随时扫描书中二维码，听取教师对书中内容的讲解。体现了党的二十大"推进教育数字化，建设全民终身学习的学习型社会、学习型大国"的精神。

　　本书由段丽萍主编，刘锷、于建民副主编。其中绪论及第二、三章由段丽萍编写，第一章由刘锷、申钢、梁超（钢筋下料部分）编写，第四、五章由段丽萍、张叶红、于建民编写，第六章由富顺编写，全书由李仙兰审核。

　　本书配套有电子课件，可登录网址 www.cipedu.com.cn 免费获取。

　　限于编者的经验和水平，书中难免有不妥之处，敬请指正。

编　者

第一版前言

根据专业人才培养规格与培养目标，结合职业岗位能力需求，要求毕业生应具有将工程施工图纸转化为建筑实体的能力，同时能根据施工图进行工程量计算，并能正确编制工程量清单确定工程造价。针对目前建筑结构施工图表达普遍采用"平法"的现状，在教学实训中相应增加了这部分内容。在教学中发现学生识读"平法"绘制的结构施工图有一定困难，为此我们组织了生产一线的设计、施工技术人员和教师共同编写了本书，旨在训练学习者正确理解、识读建筑工程施工图。

本书详细阐述"平法"表达梁、板、柱、剪力墙、简单基础、楼梯的制图规则，构造要求及施工注意事项。通过对比传统"正投影表示法"绘制结构施工图（平面、立面、剖面表示法）与"平法"绘制的结构施工图，来讲解"平法"所表达的内容、注意事项及读图方法。本书紧跟最新平面表示法系列图集 11G101-x 的步伐，同时考虑 03G101-x 到 11G101-x 过渡时期及部分设计院的习惯做法，仍保留原 03G101-x 的部分内容。

本书作为实训教材，在每章前均有学习目标、能力目标的学习提示，每章之后配有实训题。语言简练、通俗易懂，不仅注重对"平法"制图规则的阐述，而且强调读者对于工程实践相关知识的理解，配有大量附图，使"平法"表达形象化、简单化。本书实用性强，是在校学生、工程技术人员学习建筑结构施工图平面整体表示方法的好帮手。

本书由段丽萍主编，申钢、张叶红任副主编。其中绪论、第二章由段丽萍编写，第一章由申钢编写，第三章由崔峥、张园编写，第四、五章由张叶红、于建民编写，第六章由富顺编写，全书由郝俊教授主审。

限于编者的经验和水平，书中难免有不妥之处，敬请指正。

编　者

2012 年 2 月

目录

资源目录

二维码编号	资源名称	资源类型	页码
0-1	平法概论	视频	1
1-1	梁集中标注（梁编号、跨数及截面尺寸）	视频	6
1-2	梁集中标注（梁配筋、梁标高）	视频	9
1-3	梁原位标注及梁截面标注	视频	10
1-4	梁内纵向钢筋的锚固与搭接	视频	16
1-5	框架梁支座加腋部位的配筋构造	视频	21
1-6	框架梁不等高或不等宽时支座纵向钢筋构造	视频	23
1-7	非框架梁不等高或不等宽时支座纵向钢筋构造	视频	25
1-8	折梁的节点配筋构造	视频	26
1-9	梁与柱、主梁与次梁非正交时箍筋的构造	视频	26
1-10	梁配筋用量计算综合实训	视频	27
2-1	有梁楼（屋）面板板块集中标注、板块支座原位标注	视频	38
2-2	无梁楼（屋）面板板带集中标注、板带支座原位标注及暗梁标注	视频	46
2-3	楼板加强带、后浇带及板开洞等构造	视频	50
3-1	柱列表注写法	视频	64
3-2	柱截面注写法	视频	67
3-3	芯柱的平法表示法	视频	69
3-4	柱配筋构造	视频	69
4-1	剪力墙的组成与编号方法	视频	84
4-2	剪力墙的平面表示法及洞口表示方法	视频	88
4-3	剪力墙平面表示法配筋注意事项	视频	94
5-1	独立基础的平法表示方法	视频	100
5-2	条形基础的平法表示方法	视频	107
5-3	筏形基础的平法表示方法	视频	119
6-1	现浇混凝土板式楼梯平法表示方法及楼梯类型	视频	139
6-2	现浇混凝土板式楼梯的集中标注	视频	146
6-3	现浇混凝土板式楼梯的外围标注	视频	148
6-4	现浇混凝土板式楼梯剖面注写方式的平面图	视频	154
6-5	现浇混凝土板式楼梯剖面注写方式的剖面图	视频	155
6-6	列表注写方式	视频	156
6-7	AT~GT 型楼梯梯板配筋构造	视频	157
6-8	ATa~ATc、CTa、CTb 型楼梯梯板及滑动支座配筋构造	视频	165
6-9	不同踏步位置推高与高度减小、楼梯与基础连接构造	视频	168

绪论

混凝土结构施工图平面整体表示方法（简称"平法"），是山东大学陈青来教授发明编创的，并于1995年7月通过了建设部科技成果鉴定，被国家科委列为"九五"国家级科技成果重点推广计划，被建设部列为1996年科技成果重点推广项目。之后由中国建筑标准设计研究所等单位编制了《混凝土结构施工图平面整体表示方法制图规则和构造详图》系列图集（国家建筑标准设计图集），并从2003年开始广泛应用于结构设计、施工等各个领域。

平法的表达形式，就是把结构构件的尺寸和配筋等，按照平面整体表示方法制图规则，整体直接地表达在各类构件的结构平面布置图上，再与标准构造详图相配合，形成一套完整、简洁的结构施工图。由于其简洁、明了的表达方式，给设计人员带来的是绘图工作量的减少，给施工、监理、造价计算的使用同样带来了方便。

一、混凝土结构施工图平面整体表示法产生的背景

二维码 0-1

一直以来，我国的建筑结构设计与发达国家相比都存在着一定的差距，国内传统设计方法效率较低且质量难以控制，发达国家建筑结构设计的突出特点是设计效率高、设计周期短，在建筑方案确定后施工图的出图速度快。设计效率高的原因一是计算机辅助设计程度高，二是结构设计图纸通常不包括节点构造和构件本身的构造内容。如：日本的结构图纸没有节点构造详图，节点构造详图由建筑公司（施工单位）进行二次设计，设计效率高、质量得以保证；美国的结构设计只给出配筋面积，具体配筋方式由建筑公司设计。而我国的情况是一直到20世纪90年代后期方才在全国范围内普遍应用计算机，开始计算机辅助设计工作，之前的四十多年则一直采用传统设计方法。

所谓传统设计方法是广大工程技术人员对"平法"之前所采用的各种设计表达方式的习惯称谓。

传统设计法的基本表达方式，即普通高等院校土木工程专业工程制图教科书中的表示方法，也就是广大工程技术人员熟悉的"正投影表示法"。

传统设计法的优点是通过对表达对象平面、立面、剖面的详细绘制，直观地反映构件的形状、尺寸及构件轮廓内部钢筋的数量、位置，使图纸使用者比较容易地对构件的构成、内部钢筋的布置方式、连接方式、锚固方式等直接产生感性认识。

传统设计法的优点和缺点是显而易见的。

1. 传统设计方法导致设计文件存在大量重复性工作，造成设计人员劳动强度大、工作效率低

传统设计法进行结构施工图的绘制主要分为两部分内容。第一部分内容是：绘制结构各层平面布置图，该图反映所有构件的平面位置、编号，索引构件详图所在图号等。第二部分内容是：逐个具体绘制结构平面图上各构件的配筋详图，又称"大样图"，这部分详图的绘制方法烦琐，绘图过程中存在大量重复性劳动。

2. 传统设计文件在生产一线使用不方便

随着我国经济的快速发展，我国各地区建设规模的扩大，建筑体量亦在迅速扩大。施工过程中一个施工段中即会出现大量的结构构件。而施工遵循的基本原则仍是"照图施工"，在生产过程中施工技术人员必须携带大量图纸深入一线进行生产质量控制。出现的问题是施工技术人员需要反复翻看图纸，工作量大、效率低，图纸损坏亦很快。

3. 过于直观的传统设计法为非专业人员从事建筑施工提供了方便

由于传统设计图纸的表达方法源于面向学生的教学示范，正投影透视图直观而且详尽，初学者容易看懂。客观上为没有经过结构专业训练的自以为能"看懂"图纸的人员提供了方便。这些人员由于不具备指导施工的理论基础，带来的问题是：未经过结构专业训练的人员能"看懂"的仅仅是构件内部的钢筋形状，却并不了解混凝土与钢筋各自的工作性能及其工作原理，不懂得在施工阶段为保证混凝土与钢筋共同工作所必须遵守的许多技术规定及其内涵，没有发现问题和解决问题的能力，只知道"照图施工"，从而有可能给建筑结构的施工质量埋下严重安全隐患。

4. 传统设计方法限制了建筑工程技术专业学生的结构设计实践

在学生的专业实训环节中，当采用传统结构设计方法进行时，由于表达烦琐、图纸量大，需要耗费大量的时间绘图，而教学计划中安排的时间有限，因而难以完成一项整体训练，不利于学生通过实践训练将所学知识系统化，使得学生工作后在短期内不能独立承担工作，从而会影响到学生就业。

综合以上情况，建筑工程结构施工图急需改变上述状况。为此，陈青来教授承担起了对传统设计方法进行改革的课题，创新了混凝土结构施工图平面整体表示法。如今"平法"已成为建筑工程结构施工图普遍采用的方法，而传统的"单构件正投影表示法"则主要在课堂上对初学者发挥教学功能。

二、混凝土结构施工图平面整体表示法的表达形式

平法包括结构设计规则和标准构造详图两大部分内容，以《国家建筑标准设计图集》的方式向全国出版发行，结构工程师选用后，即成为正式设计文件的一部分。平法的表达形式，是把结构构件的尺寸和配筋等，按照平面整体表示方法制图规则，整体直接地表达在各类构件的结构平面布置图上，再与标准构造详图相配合，从而构成一套新型完整的结构设计图。

建筑结构施工图采用平法表达方式时，各部分结构施工图与标准图集的对应关系如下：

平面施工图的表达方式，主要有平面注写方式、列表注写方式、截面注写方式三种。各地区、各设计院习惯不同，采用方式各异。平面注写方式在原位表达，信息量高度集中，易校审、易修改、易读图；列表注写方式的信息量大且集中，但校审、修改、读图欠直观；截面注写方式表达直观，但图纸量较大，截面注写方式适用于表达构件形状复杂或构件为异形构件的情况。通常平面注写方式为主要表达方式，列表注写方式和截面注写方式为辅助表达方式。

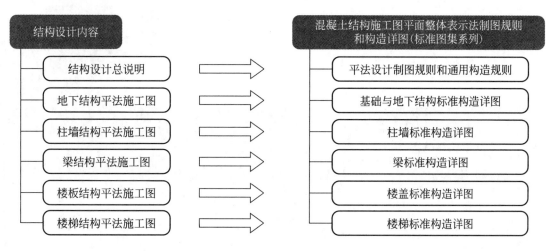

平法的各种表达方式，有同一性的注写顺序，依次为：

（1）构件编号及整体特征；

（2）截面尺寸；

（3）截面配筋；

（4）必要的说明。

三、混凝土结构施工图平面整体表示法的现状

国家建筑标准设计院已经出版发行了3本（替代原3本）平法图集，它们分别是：

《混凝土结构施工图平面整体表示方法制图规则和构造详图（现浇混凝土框架、剪力墙、梁、板）》（16G101-1）替代原《混凝土结构施工图平面整体表示方法制图规则和构造详图（现浇混凝土框架、剪力墙、梁、板）》（11G101-1）。

《混凝土结构施工图平面整体表示方法制图规则和构造详图（现浇混凝土板式楼梯）》（16G101-2）替代原《混凝土结构施工图平面整体表示方法制图规则和构造详图（现浇混凝土板式楼梯）》（11G101-2）。

《混凝土结构施工图平面整体表示方法制图规则和构造详图（独立基础、条形基础、筏形基础、桩基础）》（16G101-3）替代原《混凝土结构施工图平面整体表示方法制图规则和构造详图（独立基础、条形基础、筏形基础及桩基承台）》（11G101-3）。

16G101-x 系列图集适用于非抗震和抗震设防烈度为 6 ~ 9 度的地区。

四、学习混凝土结构施工图平面整体表示法需注意的问题

本书主要讲解建筑结构施工图平面整体表示方法，此法是一种简化表达方式，一套平法表达的建筑结构施工图中，内含大量的结构知识，包括结构体系、结构形式、结构的关键控制部位、构件与构件之间的相互关系、各构件的重要程度等。学生在具有了这些理论知识的基础上，才能很好地理解平法的内涵，才能正确阅读理解、正确应用平法结构施工图。

识读建筑结构平法施工图的基础仍是结构构件"正投影表示法"，需先从构造与识图开始学起，在对结构构件具体钢筋配置有所了解的基础上，才能学懂、学好平法。要重视建筑制图、建筑构造的学习。除此之外，学生还需具备一定的建筑结构知识，才能充分理解《混凝土结构施工图平面整体表示方法制图规则和构造详图》里面的专业术语及构造规定、要求。

学生应有计划、有针对性地到施工现场去参观学习，留心观察已有建筑的结构布置、受力体系、截面尺寸、配筋构造和施工工艺，积累感性知识，增加工程经验，再结合图纸、标准图集耐心学习，就会取得很好的学习效果。

01

第一章

钢筋混凝土梁施工图平面表示法解读

学习目标

　　通过本章的学习，熟悉梁平法施工图的制图规则和注写方式；掌握梁平面注写方式中集中标注和原位标注的含义及标注的位置；重点掌握梁集中标注的内容（包括梁编号、截面尺寸、箍筋、上部通长筋、侧面纵向构造钢筋或受扭钢筋、顶面标高高差）五项必注值和一项选注值；重点掌握梁原位标注的内容（包括支座上部纵筋、下部纵筋、附加箍筋和吊筋）；掌握梁中纵筋锚固与搭接的构造要求；掌握梁截面注写方式的适用条件和表示方法。

能力目标

　　通过本章的学习，能够熟读结构施工图中梁的配筋图，掌握梁中纵向钢筋锚固与搭接的构造要求，能够准确地计算梁中钢筋的下料长度。

素质目标

　　为将学生培养成有理想、敢担当、能吃苦、肯奋斗的新时代好青年，通过本章学习，具体训练学生脚踏实地、耐心细致、认真负责的学习态度，树立学生读懂图、读准图精益求精的工作态度，引导学生理论联系实际，提高专业素养。培养学生发现问题、分析问题、解决问题的能力及团队协作精神。

　　梁平法施工图是在梁平面布置图上采用平面注写方式或截面注写方式来表达的。在梁平法施工图中，应注明各结构层的顶面标高及相应的结构层号，对于轴线未居中的梁，应标出其偏心定位尺寸（梁边与柱边平齐时可不注）。

梁平面布置图的画法与同层结构平面图相同,将与梁相关联的柱、墙、板一起采用适当比例画出。

梁平法施工图表示方法包括:平面注写方式和截面注写方式。下面分别介绍这两种表示方法的制图规则及注写方式。

第一节 ▶ 平面注写方式

平面注写方式是在梁平面布置图上,对不同编号的梁各选一根,并通过在其上注写截面尺寸和配筋等具体数值的方式来表达梁平法施工图。如图1-1(a)所示框架梁KL7截面尺寸及配筋,用图1-1(b)平面注写方式即可简洁全面表达。平面注写方式包括集中标注和原位标注(图1-1)。集中标注主要标注梁的通用数值,而原位标注则是表达某些部位有变化的数值,故在阅读施工图时需注意,"原位标注取值优先"。如图1-1中,外悬挑区段梁的箍筋用量为 $\Phi8@150(2)$,为原位标注,其余区段梁的箍筋用量为 $\Phi8@100/200(2)$,为集中标注。

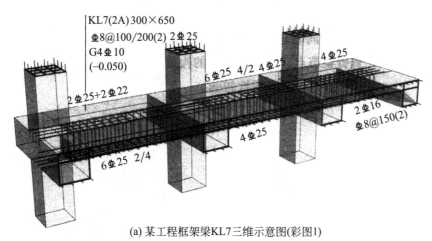

(a) 某工程框架梁KL7三维示意图(彩图1)

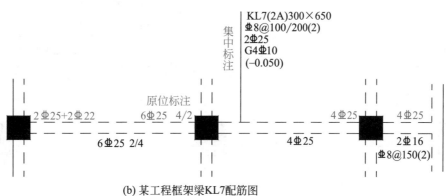

(b) 某工程框架梁KL7配筋图

图1-1 梁平法施工图平面注写方式示意

一、集中标注

集中标注表达梁的通用数值。如:梁编号、跨数、梁截面尺寸、梁箍筋、梁侧面构造钢筋或受扭钢筋、梁上部通长筋(图1-2)。

梁集中标注的内容,五项(梁编号跨数、截面尺寸、梁箍筋、梁上部通常筋或架立筋、梁侧构造筋或受扭钢筋)为必注值,一项(梁顶面标高高差)为选注值。集中标注可以从同一编号的梁中任意一跨引出，下面逐一介绍。

1. 梁编号（必注值）

梁编号由梁类型、代号、序号、跨数及是否带有悬挑几项组成，并应符合表 1-1 的规定。

表 1-1　梁编号

梁类型	代号	序号	跨数及是否带有悬挑
楼层框架梁	KL	××	（××）、（××A）或（××B）
屋面框架梁	WKL	××	（××）、（××A）或（××B）
框支梁	KZL	××	（××）、（××A）或（××B）
非框架梁	L	××	（××）、（××A）或（××B）
井字梁	JZL	××	（××）、（××A）或（××B）
楼层框架扁梁	KBL	××	（××）、（××A）或（××B）
悬挑梁	XL	××	

注：（××A）为一端有悬挑，（××B）为两端有悬挑，悬挑不计入跨数。

二维码 1-1

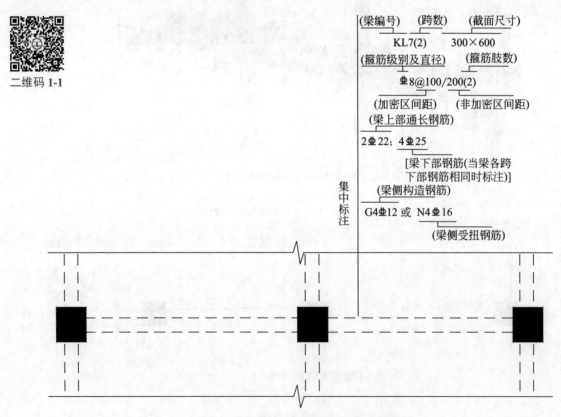

图 1-2　梁平法施工图集中标注方式示意

梁类型代号一般以构件类型汉语拼音第一个字母命名。

例：KL7（5A）表示第 7 号框架梁，5 跨，一端有悬挑；

L5（6B）表示第 5 号非框架梁，6 跨，两端有悬挑；

KL2（2）表示第 2 号框架梁，2 跨，无悬挑。

跨数 = 支座总数 -1。

2. 梁截面尺寸 $b \times h$（必注值）

（1）当梁截面为等截面时，用 $b \times h$ 表示，例如 300×650（图 1-3）。

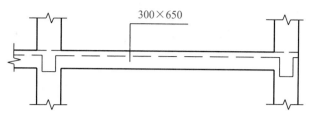

图 1-3　等截面梁截面尺寸注写方式

（2）当梁截面为竖向加腋梁时，用 $b \times h$　$Yc_1 \times c_2$ 表示，例如 300×700　$Y500 \times 250$ ［图 1-4（a）］。

当梁截面为水平加腋梁时，一侧加腋用 $b \times h$　$PYc_1 \times c_2$ 表示。例如 300×700　$PY500 \times 250$ ［图 1-4（b）］。

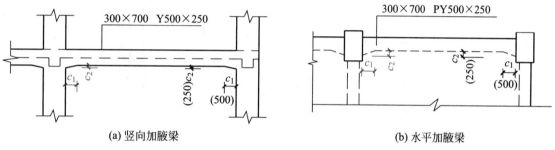

(a) 竖向加腋梁　　　　　　　　　　　　　(b) 水平加腋梁

图 1-4　加腋梁截面尺寸注写方式

（3）当有悬挑梁且根部和端部的高度不同时，用斜线分隔根部与端部的高度值，用 $b \times h_1/h_2$ 表示，例如 $300 \times 700/500$（图 1-5）。

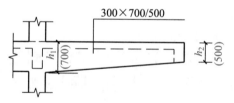

图 1-5　悬挑梁不等高截面尺寸注写方式

3. 梁箍筋（必注值）

梁箍筋包括级别、直径、加密区与非加密区间距及肢数。

（1）加密区与非加密区的不同间距及肢数需用 "/" 分隔，箍筋肢数写在括号内（图 1-2）。

例如：$\Phi 8$ @100（4）/150（2），表示箍筋为 HRB400 钢筋，直径 8mm，加密区间距为 100mm，四肢箍，非加密区间距为 150mm，双肢箍。

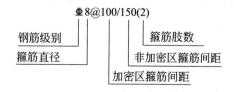

（2）当梁箍筋为同一种间距及肢数时，则不需用斜线，肢数仅注写一次，写在括号内。

例如：Φ12@100（2），表示箍筋为 HRB400 钢筋，直径 12mm，间距为 100mm，双肢箍。

（3）在抗震设计中的非框架梁、悬挑梁、井字梁以及非抗震设计中的各类梁，采用不同的箍筋间距及肢数时，也用"/"将其分隔开来。

例如：8Φ12@150（4）/200（2），表示箍筋为 HRB400 钢筋，直径 12mm，梁的两端各有 8 个四肢箍，间距 150mm；梁跨中部分间距为 200mm，双肢箍，如图 1-6 所示。

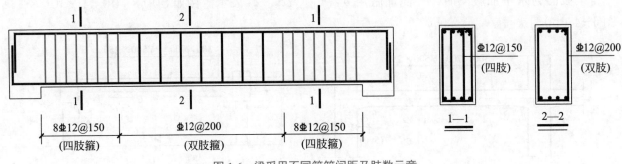

图 1-6　梁采用不同箍筋间距及肢数示意

4. 梁上部通长筋或架立筋（必注值）

通长筋可以为相同或不同直径，连接方式可采用搭接连接、机械连接或焊接连接。通长筋所注规格与根数应根据结构受力要求及箍筋肢数等构造要求而定。

（1）当梁上部同排纵筋中既有通长筋又有架立筋时，应用"+"将通长筋和架立筋相联。角部纵筋写在加号前面，架立筋写在加号后面的括号内，以示区别。

例如：2Φ22+（2Φ12），用于四肢箍，其中 2Φ22 为通长筋，2Φ12 为架立筋，如图 1-7 所示。

（2）当梁上部同排纵筋仅设有通长筋而无架立筋时，仅注写通长筋。

例如：2Φ25，同于双肢箍，其中 2Φ25 为通长筋，如图 1-8 所示。

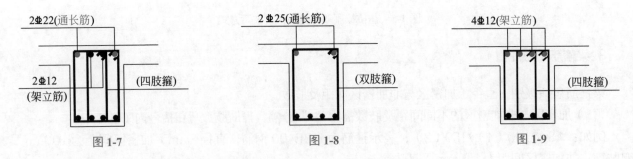

图 1-7　　　　　　　　　　图 1-8　　　　　　　　　　图 1-9

（3）当梁上部同排纵筋仅为架立筋时，则仅将其写入括号内。

例如：（4Φ12），用于四肢箍，如图 1-9 所示。

（4）当梁的上部通长纵筋和下部纵筋为全跨相同，或者多数跨配筋相同时，此项中也可加注下部纵筋的配筋值，并用"；"将上部通长筋与下部纵筋的配筋值分隔开来，少数跨不同时，少数跨按原位标注来标注。

例如：2Φ22；4Φ20 表示梁的上部通长筋为 2Φ22，梁的下部通长筋为 4Φ20，如图 1-10 所示。

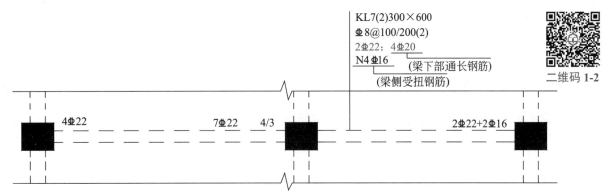

KL7(2)300×600
Φ8@100/200(2)
2Φ22;4Φ20
N4Φ16 (梁下部通长钢筋)
(梁侧受扭钢筋)

二维码 1-2

4Φ22   7Φ22 4/3   2Φ22+2Φ16

图 1-10　梁下部纵筋各跨相同时注写方式

5. 梁侧面纵向构造钢筋或受扭钢筋（必注值）

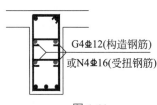

G4Φ12(构造钢筋)
或N4Φ16(受扭钢筋)

图 1-11

（1）当梁腹板高度 $h_w \geqslant 450\text{mm}$ 时，必须配置纵向构造钢筋，所注规格与根数应符合规范要求。此项注写值以大写字母 G 打头，接着注写配置在梁两个侧面的总配筋量，且对称配置（图 1-2）。

例如：G4Φ12，表示梁的两个侧面共配置 4Φ12 的纵向构造钢筋，每侧各配置 2Φ12，如图 1-11 所示。

（2）当梁侧面需配置受扭纵向钢筋（受力钢筋）时，此值注写以大写字母 N 打头，接着注写配置在梁两个侧面的总配筋量，且对称配置。受扭纵筋间距应满足梁侧受纵筋的构造要求。梁侧受扭纵筋与梁侧构造钢筋不重复配置，如图 1-11 所示。

例如：N4Φ16，表示梁的两个侧面共配置 4Φ16 的受扭纵向钢筋，每侧面各配置 2Φ16，如图 1-11 所示。

注意：①当梁侧为构造钢筋时，其搭接与锚固长度可取为 $15d$；

②当梁侧为受扭纵向钢筋时，其搭接长度为 l_l 或 l_{lE}（抗震），锚固长度为 l_a 或 l_{aE}（抗震）；其锚固方式同框架梁下部纵筋。

6. 梁顶面标高高差（选注值）

梁顶面标高高差是指相对于结构层楼面标高的高差值。有高差时，须将其写入括号内，无高差时不注。当某梁的顶面高于所在结构层的楼面标高时，其标高高差为正值；当某梁的顶面低于所在结构层的楼面标高时，其标高高差为负值。

例如：某结构层的楼面标高为 7.150m，如图 1-12 所示，某梁的梁顶面标高高差注写为（-0.100），为原位标注，即表明该梁在该跨梁顶顶面标高为 7.050m，如图 1-12 所示。

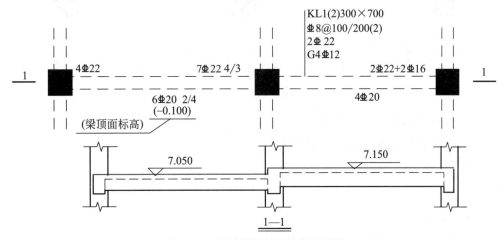

KL1(2)300×700
Φ8@100/200(2)
2Φ22
G4Φ12

4Φ22   7Φ22 4/3   2Φ22+2Φ16
1   1
6Φ20 2/4   4Φ20
(-0.100)
(梁顶面标高)

7.050   7.150

1—1

图 1-12　梁顶面标高高差注写示意

二、原位标注

原位标注表达梁的特殊数值。当集中标注中的某项数值不适用于梁的某部位时，则将该项数值原位标注。如梁支座上部纵向受拉钢筋，跨中下部纵向受拉钢筋等。

1. 梁支座上部纵筋（该部位含通长筋在内的所有纵筋）

（1）当上部纵筋多于一排时，用"/"将各排纵筋自上而下分开。

例如：图 1-15 框架梁中间支座 6Φ25 4/2，表示两排纵筋，上一排纵筋为 4Φ25，下一排纵筋为 2Φ25，配筋截面如图 1-13 所示。

（2）当同排纵筋有两种直径时，用"+"将两种直径的纵筋相联，注写时将角部纵筋写在前面。

例如：图 1-15 框架梁右侧支座 2Φ25+2Φ22，表示梁上部 2Φ25 是角部纵筋，2Φ22 在中间，配筋截面如图 1-14 所示。

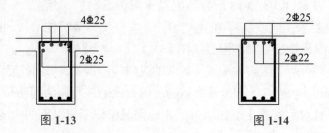

图 1-13　　　　　　　　　　图 1-14

（3）当梁中间支座两边的上部纵筋不同时，须在支座两边分别标注，如图 1-15（a）所示；当梁中间支座两边的上部纵筋相同时，可仅在支座的一边标注，另一边省去不注，如图 1-15（b）所示。

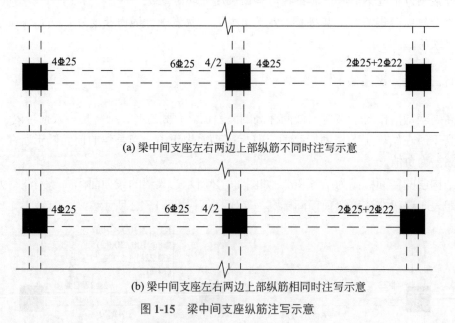

(a) 梁中间支座左右两边上部纵筋不同时注写示意

(b) 梁中间支座左右两边上部纵筋相同时注写示意

图 1-15　梁中间支座纵筋注写示意

注意： 对于支座两边不同配筋的上部纵筋，宜尽可能选用相同直径（不同根数），使其贯穿支座，避免支座两边不同直径的上部纵筋均在支座内锚固。

2. 梁下部纵筋

（1）当下部纵筋多于一排时，用"/"将各排纵筋自上而下分开。

例如：梁下部纵筋注写为 6Φ25 2/4，则表示上一排纵筋为 2Φ25，下一排纵筋为 4Φ25，全部伸入支座，如图 1-16 所示。

（2）当同排纵筋有两种直径时，用"+"将两种直径的纵筋相联，注写时角筋写在前面。

例如：梁下部纵筋注写为 2Φ25+2Φ22，表示 2Φ25 是角筋，2Φ22 在中间，如图 1-17 所示。

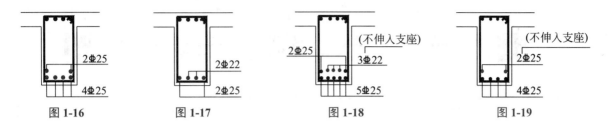

图 1-16   图 1-17   图 1-18   图 1-19

（3）当梁下部纵筋不全部伸入支座时，可将减少的数量写在括号内。

例如：梁下部纵筋注写为 2Φ25+3Φ22（-3）/5Φ25，则表示上排纵筋为 2Φ25 和 3Φ22，其中 3Φ22 不伸入支座；下一排纵筋为 5Φ25 全部伸入支座，如图 1-18 所示。

又如：梁下部纵筋注写为 6Φ25 2(-2)/4，则表示上排纵筋为 2Φ25，且不伸入支座；下一排纵筋为 4Φ25，全部伸入支座，如图 1-19 所示。

（4）当梁设置竖向加腋时，加腋部位下部斜纵筋应在支座下部以 Y 打头注写在括号内，如：（Y4Φ25），如图 1-20（a）所示。当梁设置水平加腋时，水平加腋内上、下部斜纵筋应在加腋支座上部以 Y 打头注写在括号内，上下部斜纵筋之间用"/"分隔，如：（Y2Φ25/2Φ25），如图 1-20（b）所示。

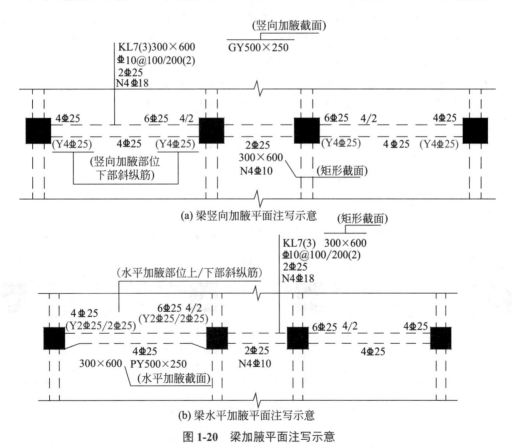

图 1-20　梁加腋平面注写示意

注意：当梁的集中标注中已对梁的下部通长筋做了标注，则不需在梁下部重复做原位标注，如图 1-10 所示。

3. 附加箍筋和吊筋

对于平法标注中的附加箍筋和吊筋，将其直接画在平面图中的主梁上，用线引注总配筋值，附加箍筋

11

的肢数注在括号内，如图 1-21 所示。

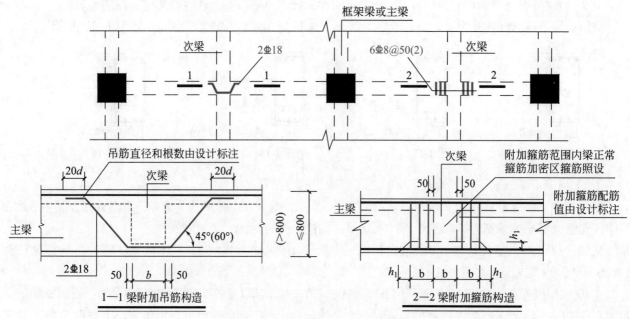

图 1-21　梁附加箍筋和吊筋注写示意

注意：当在同一编号的梁上集中标注的内容（梁截面尺寸、箍筋、上部通长筋或架立筋、梁侧面纵向构造钢筋或受扭纵向钢筋以及梁顶面标高高差中的某一项或某几项数值）不适用某跨或某悬挑部分时，则将其不同数值原位标注在该跨或该悬挑部位。施工时以原位标注数值取用。

例如：当在多跨梁的集中标注中已注明加腋，而该梁某跨的根部却不需要加腋时，则应在该跨原位标注等截面的 $b×h$，以修正集中标注中的加腋信息。如图 1-22 所示中间跨梁为不加腋梁段。

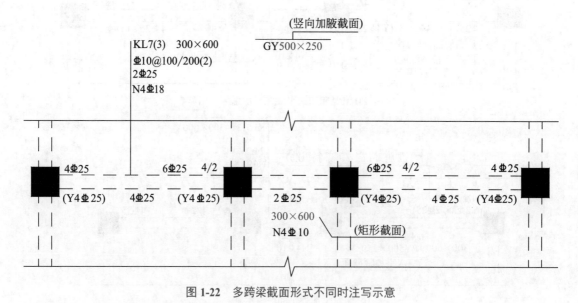

图 1-22　多跨梁截面形式不同时注写示意

三、层间梁平法施工图表示法

当两楼层之间设有层间梁时（如结构夹层位置处的梁），应将设置该部分梁的区域划出，另行绘制结构图，然后在其上表达梁平法施工图。读图时要注意看梁顶面标高高差是否正确。

第二节 ▶ 截面注写方式

截面注写方式，系在绘制的梁平面布置图上，分别在不同编号的梁中各选择一根梁用剖面号引出配筋图，并用在其上注写截面尺寸和配筋具体数值的方式来表达梁平法施工图。

一、截面注写方式的内容

1. 梁编号及其在平面图中的表示法

对所有梁按平面注写方式中集中标注的规定进行编号，从相同编号的梁中选择一根梁，先将"单边截面号"画在该梁上，再将截面配筋详图画在本图上或其它图上。当某梁的顶面标高与结构层的楼面标高不同时，高差注写规定与平面注写方式相同。截面注写方式如图1-23（a）所示。

2. 截面配筋详图的内容

在截面配筋详图上要注写截面尺寸 $b \times h$、上部纵筋、下部纵筋、侧面构造钢筋或受扭钢筋和箍筋，如图1-23（b）所示。

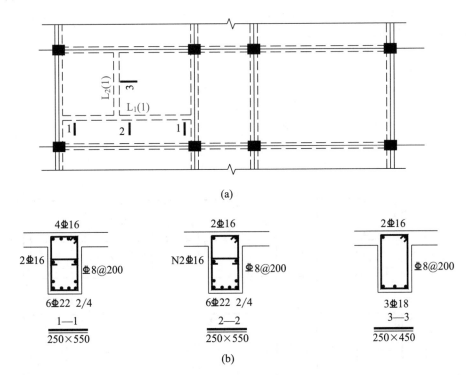

(a)

(b)

图1-23 梁平法施工图截面注写方式示意

二、截面注写方式的适用范围

截面注写方式既可以单独使用，也可以与平面注写方式结合使用。

在梁平法施工图的平面图中，一般采用平面注写方式来表示。当平面图中局部区域的梁布置过密时，可以采用截面注写方式来表示，或者将过密区用虚线框出，适当放大比例后再对局部用平面注写方式表示。但在表达异形截面梁的尺寸与配筋时，用截面注写方式相对比较方便。

三、井字梁平法施工图表示法

井字梁也称井式梁，常用于跨度较大的楼（屋）盖，结构为交叉梁系。井字梁通常由截面相同的双向梁构成。

1. 井字梁编号

井字梁编号规则同普通梁，同样由梁类型代号、序号、跨数及是否带有悬挑组成。其中难点是确定跨数。

井字梁有单跨形式也有多跨形式。单跨井字梁形式比较简单，由于楼（屋）盖中间不设柱，四周墙或边梁为其支座，容易判断井字梁跨数为单跨。

多跨井字梁情况，除边支座外还需准确确定井字梁的中间支座。为此井字梁平面表示法采用"矩形平面网格区域"（简称"网格区域"）的办法，将在结构平面布置中仅有由四根框架梁框起的一片网格归为一个网格区域，所有在该区域相互正交的井字梁均为单跨；当有多片网格区域相连时，贯通多片网格区域的井字梁为多跨，且相邻两片网格区域分界处即为该井字梁的中间支座。对某根井字梁编号时，其跨数为其总支座数减1；在该梁的任意两个支座之间，无论有几根同类梁与其相交，均不作为支座。

注意：当井字梁连续设置在两片或多排网格区域时，才具有上面提及的井字梁中间支座。

为明确区分井字梁与作为井字梁支座的梁，井字梁用单粗虚线表示（当井字梁顶面高出板面时可用单粗实线表示），作为井字梁支座的梁用双细虚线表示（当梁顶面高出板面时可用双细实线表示）。

如图1-24为井字梁平面表示法绘图及编号示意图。

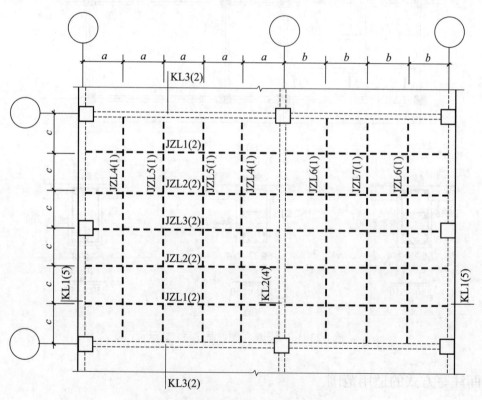

图1-24　井字梁平面表示法绘图及编号示意图

2. 井字梁平面注写

由于井字梁跨度大，涉及的交叉梁多且截面尺寸又相同，若施工人员对井字梁跨度判断有误，井字梁上部钢筋截断长度就会出现错误。上部钢筋截断长度太长，带来的是浪费问题，但如果截短了，则会出现安全问题。所以井字梁平面注写与普通梁的区别是：井字梁的端部支座和中间支座上部纵筋的伸出长度 a 值，要由设计者在原位加注具体数值予以注明。即井字梁采用平面注写方式时，在原位标注的支座上部纵筋后面括号内加注具体伸出长度值，加注方式如图1-25所示。

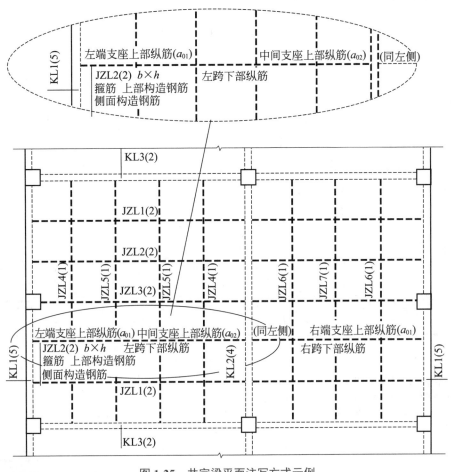

图1-25 井字梁平面注写方式示例

注：本图仅示意井字梁的注写方法，未注明截面几何尺寸 $b \times h$，支座上部纵筋伸出长度 $a_{01} \sim a_{03}$，以及纵筋与箍筋的具体数值。

例：贯通两片网格区域采用平面注写方式的某井字梁，其中间支座上部纵筋注写为 6Φ25 4/2（3200/2400），表示该位置上部纵筋设置两排，上一排纵筋为 4Φ25，自支座边缘向跨内伸出长度3200；下一排纵筋为 2Φ25，自支座边缘向跨内伸出长度为2400。

3. 井字梁截面注写

井字梁为截面注写方式时，则在梁端截面配筋图上注写的上部纵筋后面括号内加注具体伸出长度值，如图1-26所示。

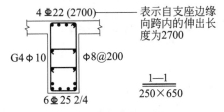

图1-26 井字梁截面注写示意

第三节 ▶ 梁内纵向钢筋的锚固与搭接

二维码 1-4

一、梁支座上部纵筋伸入跨中的长度规定

（1）框架梁的所有支座和非框架梁（不包括井字梁）的中间支座上部纵筋的延伸长度 a_0 值在标准构造详图中统一取值为：第一排非通长筋及与跨中直径不同的通长筋从柱（梁）边起延伸至 $l_n/3$ 位置；第二排非通长筋延伸至 $l_n/4$ 位置。l_n 的取值：对于端支座，l_n 为本跨的净跨值；对于中间支座，l_n 为支座两边较大一跨的净跨值，如图 1-27 所示。

（2）悬挑梁（包括其他类型梁的悬挑部分）上部第一排纵筋伸至悬臂梁外端后向下弯；第二排延伸至 $3l/4$ 位置。l 为自柱（梁）边算起的悬挑净长。

注意：①当具体工程需将悬挑梁中的部分上部纵筋斜向弯下时，应由设计者另加注明，例如图 1-28 所示做法。②当悬挑梁考虑竖向地震作用时（由设计明确），图中悬挑梁中钢筋锚固长度 l_a、l_{ab} 应改为 l_{aE}、l_{abE}，悬挑梁下部钢筋伸入支座长度也应采用 l_{aE}。

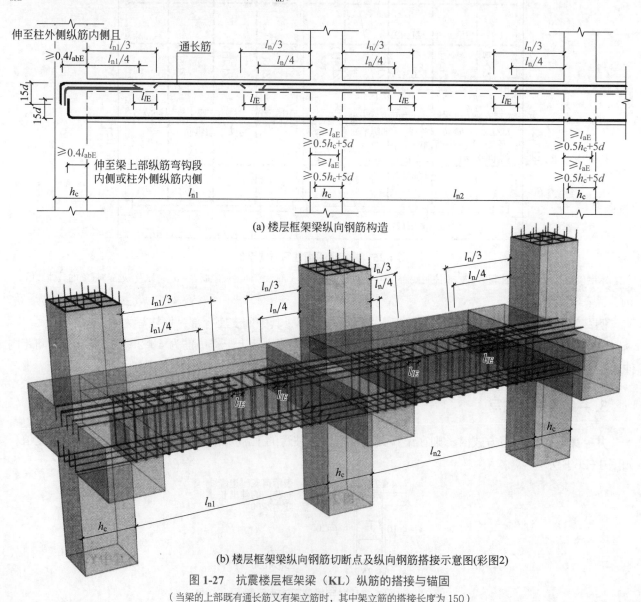

图 1-27 抗震楼层框架梁（KL）纵筋的搭接与锚固

（当梁的上部既有通长筋又有架立筋时，其中架立筋的搭接长度为 150）

平法解读与应用　第二版

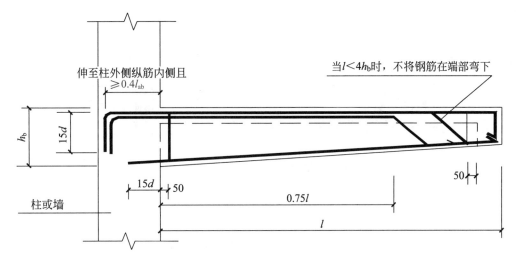

(a) 纯悬挑梁悬挑端配筋构造

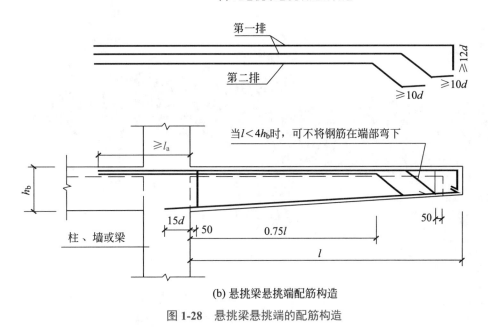

(b) 悬挑梁悬挑端配筋构造

图 1-28　悬挑梁悬挑端的配筋构造

二、不伸入支座的梁下部纵筋长度规定

当梁（不包括框支梁）下部纵筋不全部伸入支座时，不伸入支座的梁下部纵筋截断点距支座边的距离，在标准构造详图中统一取为 $0.1l_{ni}$（l_{ni} 为本跨梁的净跨值），如图 1-29 所示。

注意：①此种构造不适用于框支梁。②当在梁支座截面的计算中需要考虑纵向钢筋的抗压强度时，应注意减去不伸入支座的那一部分钢筋面积。

三、伸入支座的梁下部纵筋的锚固长度

（1）抗震框架梁的下部纵向钢筋在边支座和中间支座的锚固长度，在标准构造详图中规定为：边支座水平段伸至柱外边 $\geq 0.4l_{abE}$，同时向上弯折 $15d$；中间支座 $\geq l_{aE}$，同时 $\geq 0.5h_c + 5d$（h_c 为柱高），如图 1-27 所示。

（2）非抗震框架梁的下部纵向钢筋在边支座和中间支座的锚固长度，在标准构造详图中规定为：边支座水平段伸至柱外边 $\geq 0.4l_{ab}$，同时向上弯折 $15d$；中间支座 $\geq l_a$，如图 1-30 所示。

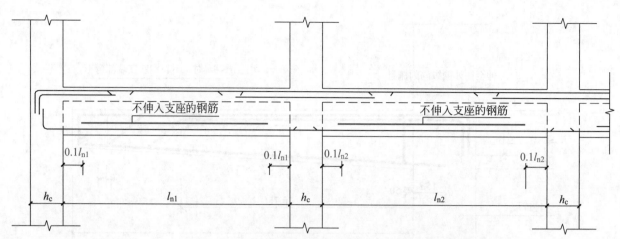

(a) 不伸入支座的框架梁下部纵向钢筋断点位置构造要求

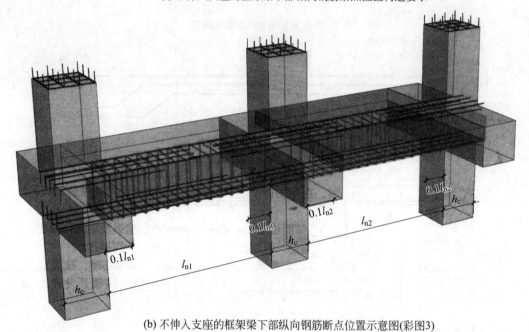

(b) 不伸入支座的框架梁下部纵向钢筋断点位置示意图(彩图3)

图 1-29　不伸入支座的梁下部纵向钢筋断点位置

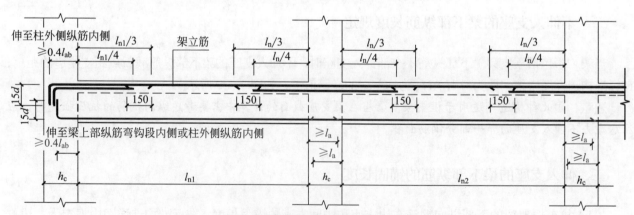

图 1-30　非抗震楼层框架梁（KL）纵筋的搭接与锚固

　　（3）非框架梁的下部纵向钢筋在边支座和中间支座的锚固长度以及其他构造要求，详见图 1-31。当端支座为柱或剪力墙（平面内连接）时，梁端部应设箍筋加密区，设计应确定加密区长度。设计未确定时取该工程框架梁加密区长度。当梁中纵筋采用光面钢筋时，图中 12d 应改为 15d。

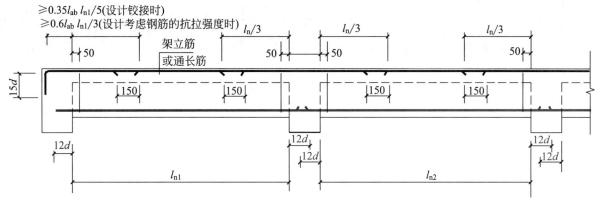

图 1-31　非框架梁（L）纵筋的搭接与锚固

四、井字梁 JZL、JZLg 配筋构造

井字梁配筋构造如图 1-32 所示。其它要求如下：

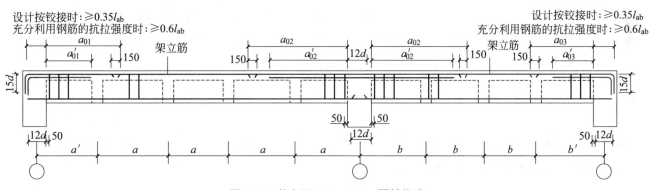

图 1-32　井字梁 JZL、JZLg 配筋构造

注意： "设计按铰接时"用于代号为 JZL 的井字梁，"充分利用钢筋的抗拉强度时"用于代号为 JZLg 的井字梁。

（1）设计无具体说明时，井字梁上、下部纵筋均短跨在下，长跨在上；短跨梁箍筋在相交范围内通长设置；相交处两侧各附加 3 道箍筋，间距 50，箍筋直径及肢数同梁内箍筋。

（2）井字梁在柱子的纵筋锚固及箍筋加密要求同框架梁。

（3）纵筋在端支座应伸至主梁外侧纵筋内侧后弯折，当直段长度不小于 L_a 时可不弯折。

（4）当梁上部有通长钢筋时，连接位置宜位于跨中 $l_{ni}/3$ 范围内；梁下部钢筋连接位置宜位于支座 $l_{ni}/4$ 范围内；且在同一连接区段内钢筋接头面积百分率不宜大于 50%。

（5）当梁中纵筋采用光面钢筋时，图中 12d 应改为 15d。

梁内纵筋的锚固与搭接，在抗震地区要符合《建筑抗震设计规范》（GB 50011—2010）的要求，在非抗震地区要符合《混凝土结构设计规范》（GB 50010—2010）的要求。受拉钢筋基本锚固长度 l_{ab}、抗震基本锚固长度 l_{abE} 见表 1-2；受拉钢筋锚固长度 l_a、抗震锚固长度 l_{aE} 见表 1-3；纵向受拉钢筋锚固长度修正系数 ζ_a 见表 1-4；纵向受拉钢筋绑扎搭接长度 l_{lE}、l_l 及修正系数 ζ_l 见表 1-5、表 1-6；受力钢筋的混凝土保护层最小厚度见表 1-7；混凝土结构的环境类别见表 1-8。

表 1-2　受拉钢筋基本锚固长度 l_{ab}、抗震基本锚固长度 l_{abE}

钢筋种类	抗震等级	混凝土强度等级								
		C20	C25	C30	C35	C40	C45	C50	C55	≥C60
HPB300	一、二级（l_{abE}）	45d	39d	35d	32d	29d	28d	26d	25d	24d
	三级（l_{abE}）	41d	36d	32d	29d	26d	25d	24d	23d	22d
	四级（l_{abE}）非抗震（l_{ab}）	39d	34d	30d	28d	25d	24d	23d	22d	21d
HRB400 HRBF400 RRB400	一、二级（l_{abE}）	—	46d	40d	37d	33d	32d	31d	30d	29d
	三级（l_{abE}）	—	42d	37d	34d	30d	29d	28d	27d	26d
	四级（l_{abE}）非抗震（l_{ab}）	—	40d	35d	32d	29d	28d	27d	26d	25d
HRB500 HRBF500	一、二级（l_{abE}）	—	55d	49d	45d	41d	39d	37d	36d	35d
	三级（l_{abE}）	—	50d	45d	41d	38d	36d	34d	33d	32d
	四级（l_{abE}）非抗震（l_{ab}）	—	48d	43d	39d	36d	34d	32d	31d	30d

注：1.HPB300 级钢筋末端应做成 180° 弯钩，弯后平直段长度不应小于 3d。但作受压钢筋时可不做弯钩。

2. 当锚固钢筋的保护层厚度不大于 5d 时，锚固钢筋长度范围内应设置横向构造钢筋，其直径不应小于 d/4（d 为锚固钢筋的最大直径）；对梁、柱等构件间距不应大于 5d，对板、墙等构件间距不应大于 10d（d 为锚固钢筋的最小直径），且均不应大于 100mm。

表 1-3　受拉钢筋锚固长度 l_a、抗震锚固长度 l_{aE}

非抗震	抗震	
$l_a=\zeta_a l_{ab}$	$l_{aE}=\zeta_{aE} l_a$	（1）l_a 不应小于 200mm。 （2）锚固长度修正系数 ζ_a 按表 1-4 取用，当多于一项时，可按连乘计算，但不应小于 0.6。 （3）ζ_{aE} 为抗震锚固长度修正系数，对一、二级抗震等级取 1.15，对三级抗震等级取 1.05，对四级抗震等级取 1.00

表 1-4　纵向受拉钢筋锚固长度修正系数 ζ_a

锚固条件		ζ_a	
带肋钢筋的公称直径大于 25mm		1.10	—
环氧树脂涂层带肋钢筋		1.25	
施工过程中易受扰动的钢筋		1.10	
锚固区保护层厚度	3d	0.80	注：中间时按内插法。d 为锚固钢筋直径
	5d	0.70	

表 1-5　纵向受拉钢筋绑扎搭接长度 l_{lE}、l_l

抗震	非抗震
$l_{lE}=\zeta_l l_{aE}$	$l_l=\zeta_l l_a$

表 1-6　纵向受拉钢筋搭接长度修正系数 ζ_l

纵向钢筋搭接接头面积百分率 /%	≤ 25	50	100
ζ_l	1.2	1.4	1.6

表 1-7　受力钢筋混凝土保护层的最小厚度　　　　　　　　　　　　单位：mm

环境类别	板、墙	梁、柱
一	15	20
二 a	20	25
二 b	25	35
三 a	30	40
三 b	40	50

表 1-8　混凝土结构的环境类别

环境类别	条　件
一	室内干燥环境； 无侵蚀性静水浸没环境
二 a	室内潮湿环境； 非严寒和非寒冷地区的露天环境； 非严寒和非寒冷地区与无侵蚀性的水或土壤直接接触的环境； 严寒和寒冷地区的冷冻线以下与无侵蚀性的水或土壤直接接触的环境
二 b	干湿交替环境； 水位频繁变动环境； 严寒和寒冷地区的露天环境； 严寒和寒冷地区冰冻线以上与无侵蚀性的水或土壤直接接触的环境
三 a	严寒和寒冷地区冬季水位变动区环境； 受除冰盐影响环境； 海风环境
三 b	盐渍土环境； 受除冰盐作用环境； 海岸环境
四	海水环境
五	受人为或自然的侵蚀性物质影响的环境

第四节 ▶ 梁内钢筋的节点构造

一、框架梁支座加腋部位的配筋构造要求

1. 框架梁水平加腋的配筋构造

二维码 1-5

当框架梁为水平加腋截面，在梁结构平法施工图中，水平加腋部位的配筋设计未给出时，其梁腋上下

部斜纵筋（仅设置第一排）直径分别同梁内上下纵筋、水平间距不宜大于200mm，水平加腋部位侧面纵向构造钢筋的设置及构造要求同梁内侧面纵向构造钢筋。斜纵筋的锚固长度见图1-33。

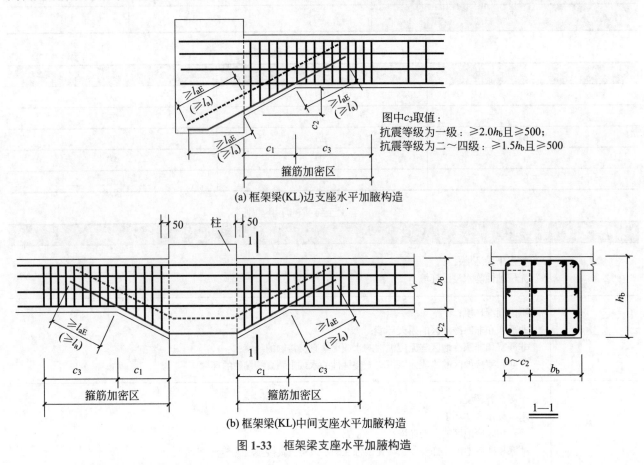

图中c_3取值：
抗震等级为一级：$\geqslant 2.0 h_b$且$\geqslant 500$；
抗震等级为二～四级：$\geqslant 1.5 h_b$且$\geqslant 500$

(a) 框架梁(KL)边支座水平加腋构造

(b) 框架梁(KL)中间支座水平加腋构造

图1-33 框架梁支座水平加腋构造

2. 框架梁竖向加腋的配筋构造

当框架梁为竖向加腋截面时，加腋部分的配筋量由设计标注，斜纵筋的锚固长度见图1-34。

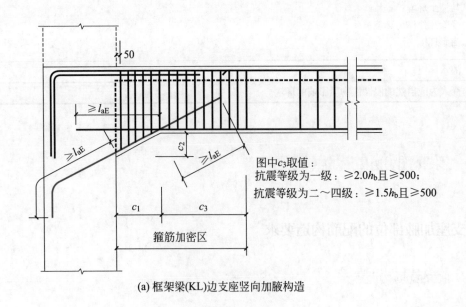

图中c_3取值：
抗震等级为一级：$\geqslant 2.0 h_b$且$\geqslant 500$；
抗震等级为二～四级：$\geqslant 1.5 h_b$且$\geqslant 500$

(a) 框架梁(KL)边支座竖向加腋构造

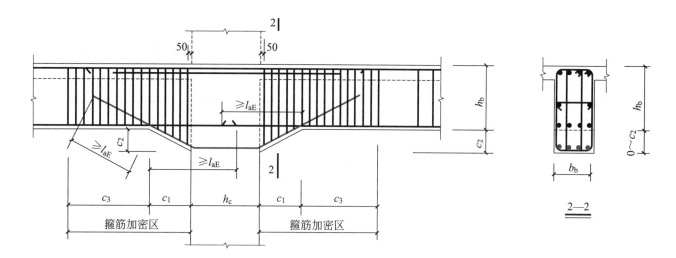

(b) 框架梁(KL)中间支座竖向加腋构造

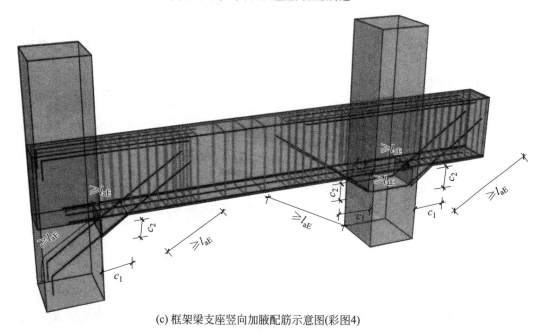

(c) 框架梁支座竖向加腋配筋示意图(彩图4)

图 1-34　框架梁支座竖向加腋构造

二、框架梁不等高或不等宽时中间支座纵向钢筋构造要求

1. 框架梁不等高时中间支座纵向钢筋的锚固

（1）当屋面框架梁支座两边梁高不同时，纵筋的锚固如图 1-35 所示，下部纵筋的水平直锚段长度，除满足本图注明者外，尚应满足 $\geq 0.5h_c+5d$；当直锚入柱内的长度$\geq l_{aE}(l_a)$ 且同时满足 $\geq 0.5h_c+5d$ 时，可不必往上或下弯锚。

（2）当楼层框架梁支座两边梁高不同时，纵筋的锚固如图 1-36 所示，下部纵筋的水平直锚段长度，除满足本图注明者外，尚应满足 $\geq 0.5h_c+5d$。当直锚入柱内的长度$\geq l_{aE}(l_a)$ 且同时满足 $\geq 0.5h_c+5d$，可不必往上或下弯锚。

二维码 1-6

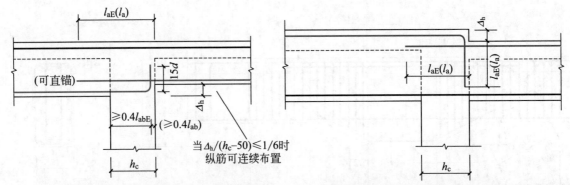

(a) 屋面框架梁(WKL)梁底不等高中间支座纵筋构造　　(b) 屋面框架梁(WKL)梁顶不等高中间支座纵筋构造

图 1-35　屋面框架梁（WKL）梁底或梁顶不等高中间支座纵筋构造

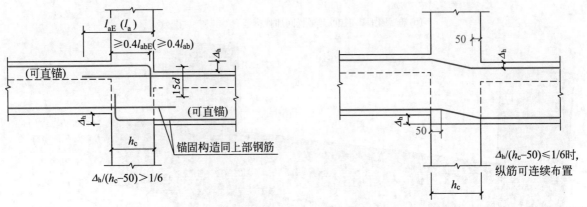

(a) 楼面框架梁(KL)梁顶和梁底不等高中间支座纵筋构造(一)　　(b) 楼面框架梁(KL)梁顶和梁底不等高中间支座纵筋构造(二)

图 1-36　楼面框架梁（KL）梁顶和梁底均不等高中间支座纵筋构造

2. 框架梁不等宽时中间支座纵向钢筋的锚固

（1）当屋面框架梁支座两边梁宽不同或错开布置时，将无法直通的纵筋弯锚入柱内；或当支座两边纵筋根数不同时，可将多出的纵筋弯锚入柱内。屋面框架梁梁宽不同中间支座纵筋的构造如图1-37所示。

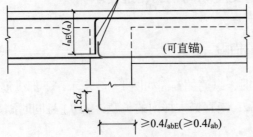

图 1-37　屋面框架梁（WKL）梁宽不同中间支座纵筋构造

（2）当楼层框架梁支座两边梁宽不同时，将无法直锚的纵筋弯锚入柱内；或当支座两边纵筋根数不同时，可将多出的纵筋弯锚入柱内。楼面框架梁梁宽不同中间支座纵筋的构造如图1-38所示。

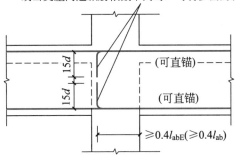

当支座两边梁宽不同或错开布置时，将无法直通的纵筋弯锚入柱内；或当支座两边纵筋根数不同时，可将多出的纵筋弯锚入柱内

图 1-38 楼面框架梁（KL）梁宽不同中间支座纵筋构造

注意：框架梁侧面抗扭纵筋（受力钢筋）在中间支座及边支座的锚固长度均为 $\geqslant l_{aE}(l_a)$。

三、非框架梁不等高或不等宽时中间支座纵向钢筋构造要求

二维码 1-7

1. 非框架梁不等高时中间支座纵向钢筋的锚固

当非框架梁支座两边梁高不同时，纵筋的锚固如图 1-39 所示，当直锚长度不足时，梁上下部或侧面纵筋应伸至支座对边再弯钩。梁下部肋形钢筋锚长为 12d，当为光面钢筋时锚长为 15d。

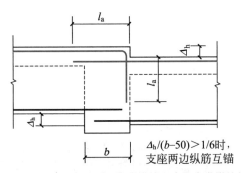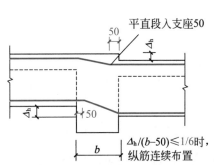

(a) 非框架梁(L)梁顶和梁底均不等高中间支座纵筋构造(一)　(b) 非框架梁(L)梁顶和梁底均不等高中间支座纵筋构造(二)

图 1-39 非框架梁（L）梁顶和梁底均不等高中间支座纵筋构造

2. 非框架梁不等宽时中间支座纵向钢筋的锚固

当非框架梁支座两边梁宽不同或错开布置时，将无法直通的纵筋弯锚入柱内；或当支座两边纵筋根数不同时，可将多出的纵筋弯锚入柱内。非框架梁梁宽不同中间支座纵筋的构造如图 1-40 所示。

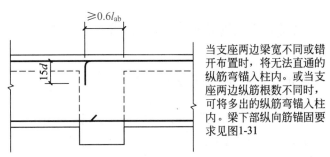

图 1-40 非框架梁（L）梁宽不同中间支座纵筋构造

注意：非框架梁侧面抗扭纵筋在中间支座及边支座的锚固长度均为≥l_a。

四、折梁的节点配筋构造要求

二维码 1-8

1. 水平折梁的配筋构造

见图 1-41。

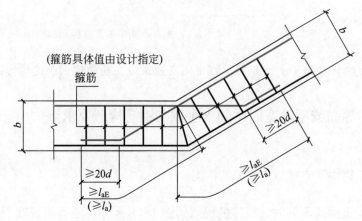

图 1-41　水平折梁配筋构造

2. 竖向折梁的配筋构造

见图 1-42。

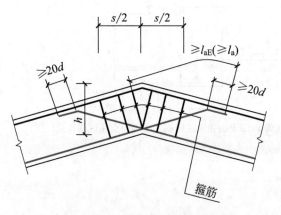

(a) 竖向折梁钢筋构造(一)
(s的范围及箍筋具体值由设计指定)

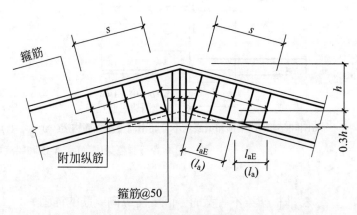

(b) 竖向折梁钢筋构造(二)
(s的范围、附加纵筋和箍筋具体值由设计指定)

图 1-42　竖向折梁钢筋构造

五、梁与柱、主梁与次梁非正交时箍筋的构造要求

二维码 1-9

1. 梁与方柱斜交或与圆柱相交时箍筋的构造要求

梁与方柱斜交或与圆柱相交时，梁内箍筋不深入柱内，梁的箍筋起始位置距离梁与柱整浇后最先相交的线 50mm，位置如图 1-43 所示。为方便施工，梁在柱内的箍筋可在现场用两个半套箍搭接或焊接，其余部分的箍筋按照梁平法施工图施工。

平法解读与应用　第二版

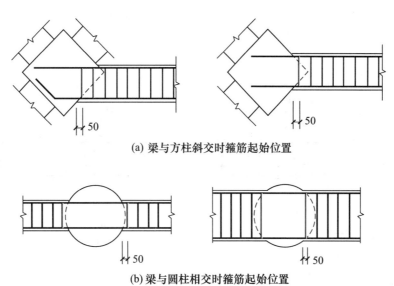

(a) 梁与方柱斜交时箍筋起始位置

(b) 梁与圆柱相交时箍筋起始位置

图1-43 梁与方柱斜交或与圆柱相交时箍筋起始位置

2. 主梁与次梁斜交时箍筋的构造要求

主梁与次梁斜交时，主梁内的箍筋布置不间断（包括附加箍筋），次梁内的箍筋不深入主梁内，次梁的箍筋起始位置距离主、次梁整浇后相交线两侧各50mm布起，位置如图1-44所示。

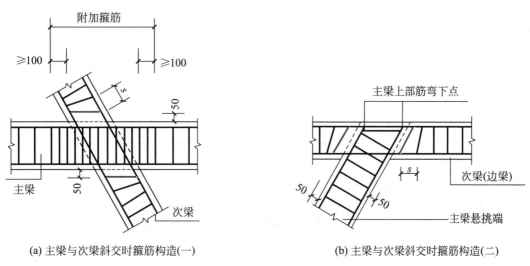

(a) 主梁与次梁斜交时箍筋构造(一)   (b) 主梁与次梁斜交时箍筋构造(二)

图1-44 主梁与次梁斜交时箍筋构造

注意：若梁为弧形梁，梁内箍筋间距并非是弧形梁中心线间距，箍筋间距规定沿梁凸面线度量。

六、综合实例

二维码1-10

采用平面表示法表达施工图，图面可得到大幅度简化，这样带来的结果是图纸量大幅度减少，减轻了结构工程师绘图工作量，同时也减轻了施工单位技术人员翻阅图纸的工作量，更为质检人员携带图纸检查现场提供了方便。例如某抗震设防区两跨框架梁（二级框架），混凝土强度等级为C30，混凝土保护层厚度为20mm，柱箍筋直径8mm，柱纵向钢筋直径为20mm，采用传统立面、剖面表达的施工图如图1-45所示；采用平面表示法表达的施工图为图1-46，请识读该梁配筋图，并给出钢筋配料表。

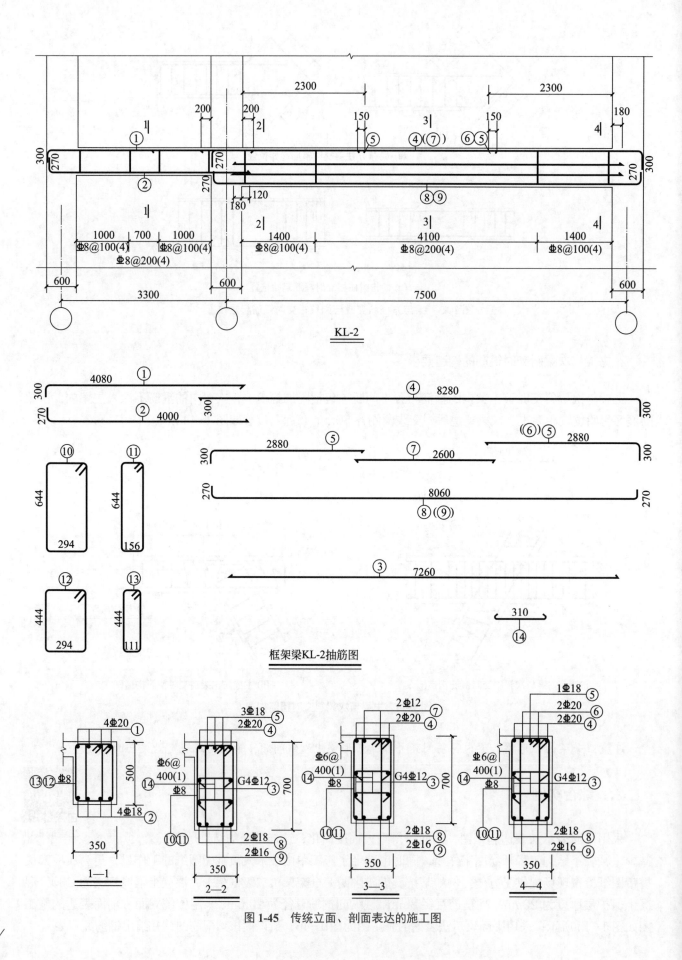

图 1-45　传统立面、剖面表达的施工图

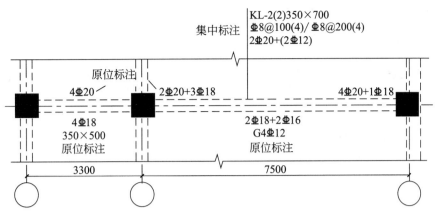

图 1-46 平面表示法表达的施工图

在具备钢筋混凝土结构基础知识及前述相关梁施工图传统表示方法、平面表示方法的基础上，大家知道该框架梁的纵向钢筋由一端直锚一端弯锚、两端弯锚、直线形钢筋及矩形箍筋钢筋组成，共 14 种钢筋，钢筋具体编号、简图、形式及标注尺寸如图 1-45 所示。该实例要求给出梁钢筋配料表。下面将钢筋配料表相关基础知识表述如下。

钢筋配料表是根据配筋图，计算构件各钢筋的下料长度、根数及重量，然后编制钢筋配料表作为备料、加工和结算的依据。具体内容包括：构件名称、钢筋编号、简图、直径、钢号及下料长度等内容。其中需要注意的是简图中标注的尺寸是钢筋的外包尺寸，外包尺寸大于轴线尺寸，钢筋弯曲成型后，其轴线尺寸并无变化，因此钢筋应按轴线长度下料，否则，钢筋长度大于要求长度，将会导致钢筋保护层不够或钢筋尺寸大于模板净空，既浪费钢筋又出现施工质量问题。

钢筋直线段钢筋的外包尺寸与轴线长度相同，但在弯曲处钢筋的外包尺寸与轴线长度之间存在一个差值，这个差值就是常说的量度差。各种弯曲角度不同，量度差大小不同，其均能精确计算，为计算简便，常用量度差的近似值。

1. 中间楼层框架梁

① 对于 335MPa 级、400MPa 级带肋钢筋，弯弧内径不宜小于钢筋直径的 4 倍，不同弯折角度钢筋量度差为：

当弯折 30° 时，量度差为 0.300d，近似取为 0.5d；
当弯折 45° 时，量度差为 0.522d，近似取为 0.5d；
当弯折 60° 时，量度差为 0.846d，近似取为 d；
当弯折 90° 时，量度差为 2.075d，近似取为 2d。

② 对于 500MPa 级带肋钢筋，当钢筋直径为 28mm 以下时，弯弧内径不宜小于钢筋直径的 6 倍，不同弯折角度钢筋量度差为：

当弯折 30° 时，量度差为 0.312d，近似取为 0.5d；
当弯折 45° 时，量度差为 0.565d，近似取为 0.5d；
当弯折 60° 时，量度差为 0.953d，近似取为 d；
当弯折 90° 时，量度差为 2.505d，近似取为 2.5d。

③ 对于 500MPa 级带肋钢筋，当钢筋直径为 28mm 及以上时，弯弧内径不宜小于钢筋直径的 7 倍，不同弯折角度钢筋量度差为：

当弯折 30° 时，量度差为 0.319d，近似取为 0.5d；
当弯折 45° 时，量度差为 0.586d，近似取为 0.5d；

当弯折 60° 时，量度差为 1.006d，近似取为 d；

当弯折 90° 时，量度差为 2.720d，近似取为 2.5d。

2. 位于框架结构顶层端节点处梁上部纵向钢筋和柱外侧纵向钢筋，在节点角部弯折处

① 当钢筋直径为 28mm 以下时，弯弧内径不宜小于钢筋直径的 12 倍，不同弯折角度钢筋量度差为：

当弯折 30° 时，量度差为 0.350d，近似取为 0.5d；

当弯折 45° 时，量度差为 0.694d，近似取为 0.5d；

当弯折 60° 时，量度差为 1.275d，近似取为 1.5d；

当弯折 90° 时，量度差为 3.795d，近似取为 4d。

② 当钢筋直径为 28mm 及以上时，弯弧内径不宜小于钢筋直径的 16 倍，不同弯折角度钢筋量度差为：

当弯折 30° 时，量度差为 0.376d，近似取为 0.5d；

当弯折 45° 时，量度差为 0.780d，近似取为 1.0d；

当弯折 60° 时，量度差为 1.490d，近似取为 1.5d；

当弯折 90° 时，量度差为 4.665d，近似取为 4.5d。

箍筋下料长度采用外皮计算：箍筋长度 = 箍筋直段长度 + 弯钩增加长度。

箍筋直段长度 =[（构件断面宽度 −2× 保护层厚度 +2× 箍筋直径）+

（构件断面高度 −2× 保护层厚度 +2× 箍筋直径）]× 2

$$=[(b-2c+2d)+(h-2c+2d)]\times 2$$

$$=(b+h)\times 2-8c+8d。$$

单个弯钩长度 = 单个弯钩平直长度（10d，75mm 的最大值）+135° 弯钩量度差（1.9d）。

箍筋长度 = 箍筋直段长度 + 弯钩增加长度 =$(b+h)\times 2-8c+8d+\max(10d,75)\times 2+1.9d\times 2$。

复合箍筋之内箍长度 = 内箍直段长度 + 弯钩增加长度。

沿 h 边内箍的平直长度 =$h-2c+2d$。

沿 b 边内箍的平直长度 =$(b-2c-D)\div$ 纵筋间距个数 × 内箍纵筋间距个数 +$D+2d$，D 为纵筋直径。

复合箍筋之内箍长度 =$(h-2c+2d)\times 2+[(b-2c-D)\div$ 纵筋间距个数 × 内箍纵筋间距个数 +$D+2d]\times 2+\max(10d,75)\times 2+1.9d\times 2$；近似计算为箍筋外皮周长 +18.5$d$。

故此，KL-2 各种钢筋下料长度为：

① 号钢筋下料长度 = 弯锚长度 + 净跨 + 直锚长度 − 量度差值

$$=600-20-8-20-25+300+2700+40\times 20-2\times 20=4287(\text{mm})$$

② 号钢筋下料长度 = 弯锚长度 + 净跨 + 直锚长度 − 量度差值

$$=600-20-8-20-25+15\times 18+2700+40\times 18-2\times 18=4181(\text{mm})$$

③ 号钢筋下料长度 = 直锚长度 + 净跨 + 直锚长度

$$=15\times 12+6900+15\times 12=7260(\text{mm})$$

④ 号钢筋下料长度 = 直锚长度 + 净跨 + 弯锚长度 − 量度差值

$$=40\times 20+6900+600-20-8-20-25+15\times 20-2\times 20=8487(\text{mm})$$

⑤ 号钢筋下料长度 = 净跨 /3+ 弯锚长度 − 量度差值弯锚长度 + 净跨 /3

$$=6900/3+270+600-20-8-20-25-2\times 18=3061(\text{mm})$$

⑥ 号钢筋下料长度 = 净跨 /3+ 弯锚长度 − 量度差值

$$=6900/3+300+600-20-8-20-25-2\times 20=3087(\text{mm})$$

⑦号钢筋下料长度 = 搭接长度 + 净跨 /3+ 搭接长度

$\qquad$ =150+6900/3+150=2600(mm)

⑧号钢筋下料长度 = 弯锚长度 – 量度差值 + 净跨 + 弯锚长度 – 量度差值

$\qquad$ =600-20-8-20-25+270-2×18+6900+600-20-8-20-25+270-2×18

$\qquad$ =8422(mm)

⑨号钢筋下料长度 = 弯锚长度 – 量度差值 + 净跨 + 弯锚长度 – 量度差值

$\qquad$ =600-20-8-20-25+270-2×16+6900+600-20-8-20-25+270-2×16

$\qquad$ =8430(mm)

⑩号箍筋长度 =$(b+h)$×2-8c+8d+max(10d,75)×2+1.9d×2

$\qquad$ =(350+700)×2-8×20+8×8+10×8×2+1.9×8×2=2194(mm)

⑪号箍筋采用近似计算为箍筋外皮周长 +18.5d=

$\qquad$ 644×2+156×2+18.5×8=1748(mm)

⑫号、⑬号、⑭号均采用近似计算，用料长度详见表 1-9 框架梁 KL-2 配料单。

表 1-9　框架梁 KL-2 配料单

编号	钢筋简图	规格	长度 /mm	下料长度	根数	重量 /kg
①	300 ⌐ 4080	Φ20	4380	4287	4	42.36
②	270 ⌐ 4000	Φ18	4270	4181	4	33.45
③	7260	Φ12	7260	7260	4	25.79
④	8280 ⌐ 300	Φ20	8580	8487	2	41.93
⑤	270 ⌐ 2880	Φ18	3150	3061	4	24.49
⑥	270 ⌐ 2880	Φ20	3180	3087	2	15.25
⑦	2600	Φ12	2600	2600	2	4.62
⑧	270 ⌐ 8060 ⌐ 270	Φ18	8600	8422	2	33.69
⑨	270 ⌐ 8060 ⌐ 270	Φ16	8600	8430	2	26.64
⑩	644 ▭ 294	Φ8	1876	2194	51	44.2
⑪	644 ▭ 157	Φ8	1602	1748	51	35.21
⑫	444 ▭ 294	Φ8	1476	1624	26	16.68
⑬	444 ▭ 111	Φ8	1110	1258	26	12.92
⑭	310	Φ6	310	494.7	36	3.95
合计						361.18

单项能力实训题

1. 梁平法施工图中有哪几种表示方式？分别适用于什么情况？

2. 平面注写方式中，哪些内容适合用集中标注？集中标注标在梁的什么位置？不适合用集中标注的内容用什么方法标注？

3. 平面注写方式中，集中标注的内容与原位标注的内容在某跨不统一时，施工时取用哪组数值为施工依据？

4. 如图 1-47 所示集中标注中，其中一项（1.200）表示什么意义？它是必注值吗？

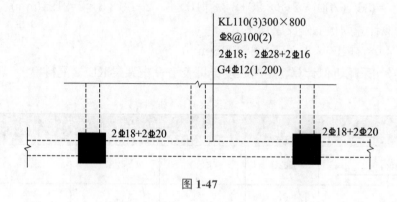

KL110(3)300×800
Φ8@100(2)
2Φ18；2Φ28+2Φ16
G4Φ12(1.200)

2Φ18+2Φ20   2Φ18+2Φ20

图 1-47

5. 如图 1-48 所示集中标注中，Φ8@100/200（2）表示什么？请画出传统剖面图表达它的含意。

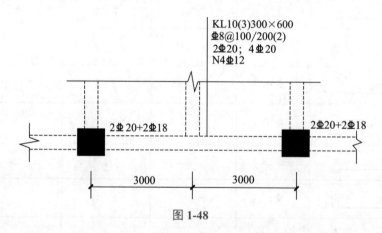

KL10(3)300×600
Φ8@100/200(2)
2Φ20；4Φ20
N4Φ12

2Φ20+2Φ18   2Φ20+2Φ18

3000   3000

图 1-48

6. 集中标注中，大写字母 G 和 N 各代表什么？它们可以同时出现在集中标注中吗？

7. 原位标注中，跨中注写为 6Φ20 2(-2)/4 表示什么意思？请画出传统剖面图表达它的含意。

综合能力实训题

1. 图 1-49 为某写字楼标准层梁平法施工图，采用平面注写方式，二级抗震等级（箍筋加密区长度 $\geqslant 1.5h_b$ 且 $\geqslant 500mm$，h_b 为梁高）。要求补画各编号梁的纵、横剖面配筋图，并画出梁内纵筋的抽筋图。

2. 图 1-50 为一层梁平法施工图，采用平面注写方式，二级抗震等级（箍筋加密区长度 $\geqslant 1.5h_b$ 且 $\geqslant 500mm$，h_b 为梁高）。要求补画井字梁（JZL）的纵、横剖面配筋图，并画出梁内纵筋的抽筋图。

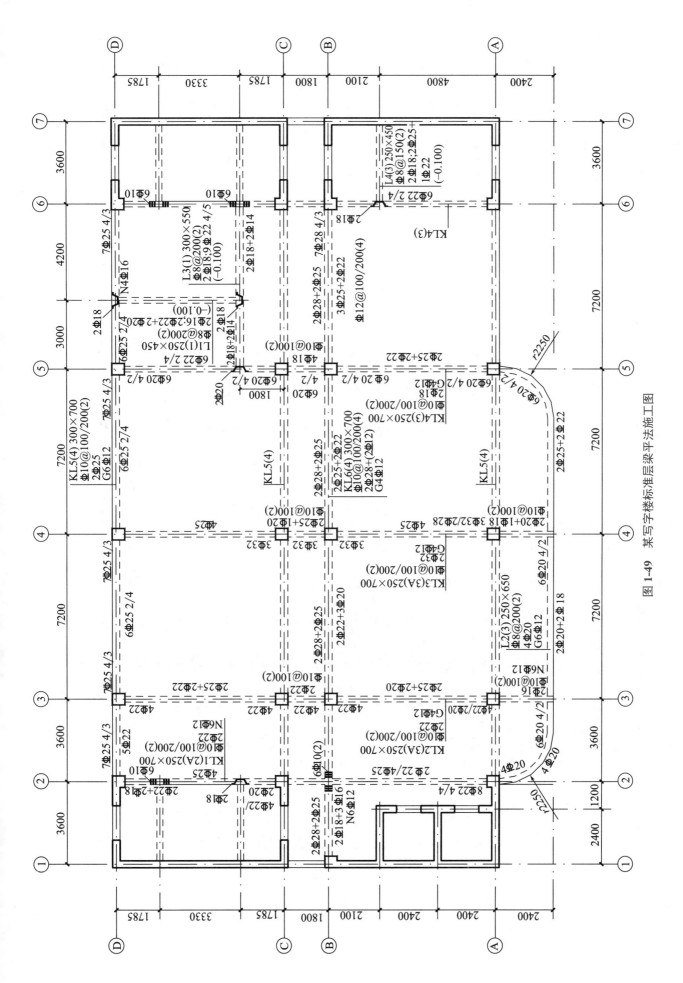

图 1-49 某写字楼标准层梁平法施工图

第一章　钢筋混凝土梁施工图平面表示法解读

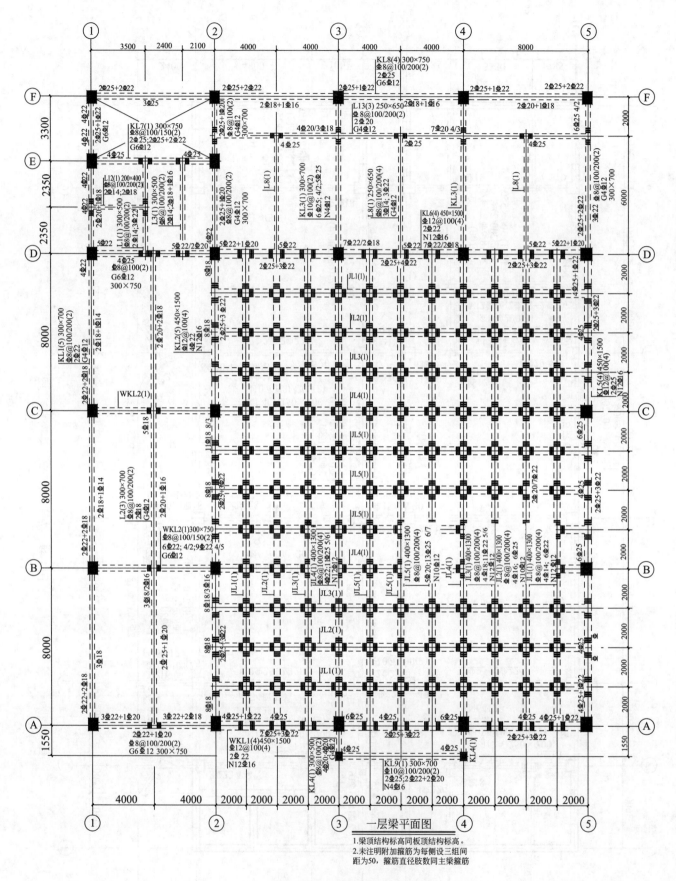

图 1-50 一层梁平法施工图

1.梁顶结构标高同板顶结构标高。
2.未注明附加箍筋为每侧设三组间
　距为50，箍筋直径肢数同主梁箍筋

02

第二章

钢筋混凝土板施工图平面表示法解读

学习目标

通过对本章的学习，熟悉现浇板平法施工图的制图规则和注写方式；掌握板块集中标注和板支座原位标注的含义和标注位置及其施工注意事项。重点掌握板块集中标注的内容（包括板块编号、板厚标注、贯通纵筋的标注、板面标高高差），板支座原位标注的内容（包括板支座钢筋标注位置、板支座钢筋标注方法、板支座受力筋的"隔一布一"方式配筋表达）；掌握楼板相关构造表示方法、构造类型，楼板构造制图规则和施工注意事项。

能力目标

通过本章的学习，能够熟读现浇板平法配筋图，能正确理解板中钢筋的配筋方式，并能准确计算板中钢筋的下料长度。

素质目标

通过对楼板"平法"简化表达的学习，要求学生掌握板"平法"表示中通用配筋内容相同混凝土及钢筋用量并不相同这样的问题，培养学生耐心细致，严谨认真的工作作风，进一步培养学生抽象思维的能力，提高专业素养。同时培养学生肯专研、肯吃苦、肯奋斗的新时代工匠精神。

现浇钢筋混凝土楼（屋）盖，目前是工业与民用建筑结构楼（屋）盖的常用结构形式。按组成形式分为：肋梁楼盖（梁板式楼盖）、无梁楼盖、密肋楼盖等形式。本章主要讲解建筑工程中大量应用的梁板式楼盖中板的平面表示法及无梁楼盖中板的平面表示法。

现浇楼盖中板的配筋图表示方式有两种，一种是传统方法，另一种是平面表示法。传统方式主要有两种，一种是用平面图与剖面图相结合，表示板的形状、尺寸及配筋；另一种是在结构平面布置图上，直接表示板的配筋形式及钢筋用量。板的平面表示法则是在第二种传统表示法的基础上，进一步简化板配筋图表达的一种新方法。

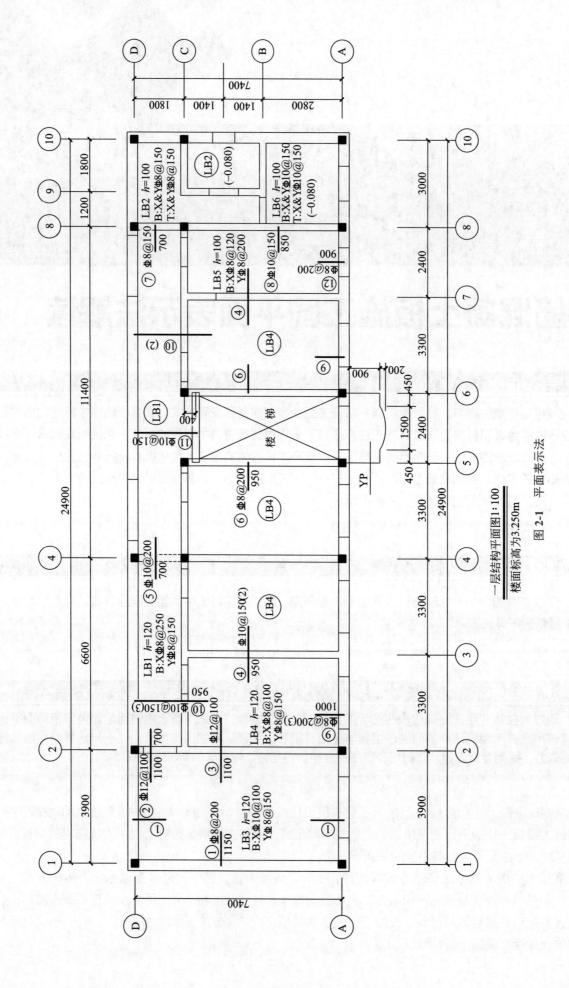

一层结构平面图1:100
楼面标高为3.250m

图 2-1 平面表示法

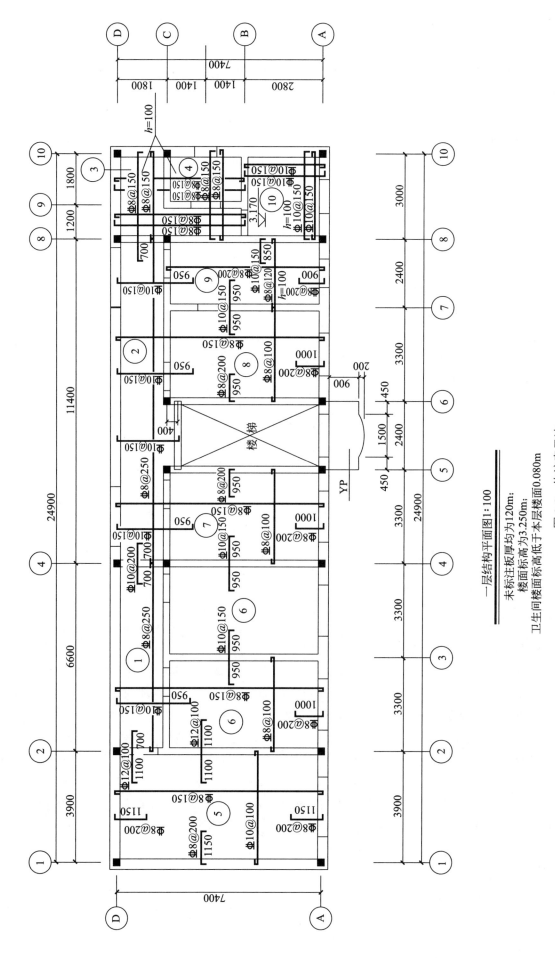

一层结构平面图1:100

未标注板厚均为120m；
楼面标高为3.250m；
卫生间楼面标高低于本层楼面0.080m。

图 2-2　传统表示法

板平面表示法与传统的板配筋图相比具有板编号数量少、图面简洁等特点。例如某工程一层板配筋图，图2-1为平面表示法，图2-2为传统表示法，平面表示法仅有六种板块，传统表示法则有十种板块，图2-1与图2-2比较要简洁得多，但传统表示方法对于阅读者来讲更直观、更容易理解。两种表达方式各有特点，实际工程中两种表达方法的应用均非常普遍。

正确应用板配筋平面表示法的前提条件是要掌握板平面表示法的制图规则与相应构造规定。下面结合工程实例介绍《混凝土结构施工图平面整体表示方法制图规则和构造详图》之16G101-1《混凝土结构施工图平面整体表示方法制图规则和构造详图（现浇混凝土框架、剪力墙、梁、板）》现浇混凝土楼面与屋面板部分的常用制图规则及相应构造规定。

第一节 ▶ 有梁楼（屋）面板平面表示法

有梁楼（屋）面板平面施工图，是在楼面板或屋面板平面布置图上，用平面注写的方式表达楼（屋）面板配筋情况的一种方式。板平面表示法主要包括板块集中标注和板块支座原位标注两部分内容。

由于板配筋图是直接绘制于板平面图上的，板"平法"所表示的钢筋走向与板块的形状及布置方位有关，所以板平面表示法需要规定板结构平面布置图的坐标方向。

板平面表示法规定一般结构平面的坐标方向为：

（1）当两向轴网正交布置时，平面布置从左向右为X向，从下向上为Y向。

二维码 2-1

（2）当轴网转折布置时，局部坐标方向顺轴网转折角度做相应转折。

（3）当轴网向心布置时，切向为X向，径向为Y向。

对于较复杂的平面布置，具体坐标方向规定，须看施工图设计人员的具体规定。

一、板块集中标注方法

板块集中标注的内容主要有：板块编号、板厚、上部贯通纵筋、下部贯通纵筋及板面标高不同时的标高高差。

1. 板块编号

板块编号的确定，对于普通楼面，两向均以一跨为一板块，对于密肋楼盖，两向主梁（框架梁）均以一跨为一板块（非主梁密肋不计）。所有板块应逐一编号，相同编号的板块可择其一做集中标注，其他仅注写置于圆圈内的板编号，以及当板面标高不同时的标高高差；同一编号板块的类型、板厚和贯通纵筋均相同，但板面标高、跨度、平面形状以及板支座上部非贯通纵筋可以不同，同一编号板块的平面形状可为矩形、多边形及其他形状等，如图2-1中所示LB1。②～④轴与Ⓒ～Ⓓ轴间LB1板块形状为矩形，④～⑧轴与Ⓒ～Ⓓ轴间LB1间板块形状为T形，两块板形状不同且尺寸亦不同，但板下部配筋相同，可编为同一板号。但这种简化亦会带来一定的问题，如LB1中Yϕ8@150在②～④轴间的下料长度与在④～⑧轴间的下料长度是不同的。由此，若建筑结构施工图板配筋图采用平面表示法时，在施工下料及做预算、决算时，仍应注意根据其实际平面形状，分别计算各板块的混凝土与钢材用量。

2. 板块编号常用代号

板块编号常用代号如表2-1所示。

表 2-1　板块编号

板类型	代号	序号
楼面板	LB	××
屋面板	WB	××
悬挑板	XB	××

3. 板厚标注

板厚指垂直于板面的厚度，一般注写为 $h=×××$，如图 2-1 中各板块所标注的 h 值；当悬挑板的端部改变截面厚度时，用斜线分隔根部与端部的厚度值，注写为 $h=×××/×××$，斜线前数值为板根部厚度，斜线后数值为板端部厚度，当设计已在图中统一注明板厚或说明了板厚，则各板块中可不具体标注板厚。如图 2-9 所示，XB1　$h=150/100$ 表示该悬挑板（XB1）根部厚度为 150mm，端部厚度为 100mm，具体尺寸如图 2-9 之剖面 2—2 所示。

4. 贯通纵筋的标注

贯通纵筋按板的下部和上部分别注写（当板块上部不设贯通纵筋时则不注写）。

（1）一般标注方法

B——下部纵向贯通纵筋；

T——上部纵向贯通纵筋；

B&T——下部与上部纵向贯通纵筋（一般用于同一方向下部与上部纵向贯通纵筋用量相同的情况）。

X 向纵向贯通纵筋以 X 打头，Y 向纵向贯通纵筋以 Y 打头，两向纵向贯通纵筋配置相同时则以 X&Y 打头。

例如图 2-3 所示，楼板 1（LB1）板厚为 120mm，B：X⏀8@100、Y⏀8@180 表示下部纵向贯通纵筋用量为 X 向 ⏀8@100、Y 向 ⏀8@180；楼板 2（LB2）板厚为 120mm，B：X&Y⏀8@120 表示下部纵向贯通纵筋用量 X 向与 Y 向均为 ⏀8@120；楼板 3（LB3）板厚为 100mm，B：X&Y⏀8@150、T：X&Y⏀8@200 表示下部纵向贯通纵筋用量 X 向与 Y 向均为 ⏀8@150；上部纵向贯通纵筋用量 X 向与 Y 向均为 ⏀8@200。

（2）单向板。当为单向板时，可仅标注受力方向贯通纵筋用量，另一方向贯通的分布钢筋用量可不注写，而在图中统一注明或说明。如图 2-1 中，LB1 为单向板，LB1 中 B：X⏀8@250 为分布钢筋，可不在图中具体注写。

（3）板内构造钢筋。当在某些板内配置有构造钢筋时，则 X 向以 Xc 打头注写，Y 向以 Yc 打头注写。例如图 2-9 悬挑板 XB1 的 B：Xc&Yc⏀8@200，表示悬挑板下部纵向构造钢筋用量 X 向与 Y 向均为 ⏀8@200。

5. 板面标高高差

板面标高高差是指相对于结构层楼面标高的高差，这个高差注写在括号内，具体形式为（±×××），其中正号可以不写，表示该板面高于结构层楼面标高 ×××，负号表示该板面低于结构层楼面标高 ×××，且有高差则注，无高差则不注。如图 2-1 中的楼板 2（LB2）、图 2-3 中的楼板 3（LB3）均标注有（-0.080），表示楼板 2、楼板 3 板面低于结构层楼面标高 0.080m。

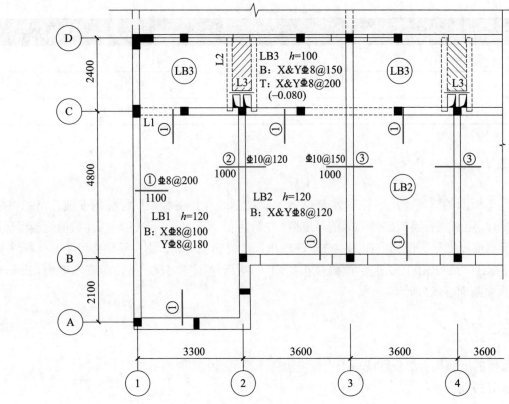

图 2-3　某工程 2.920 米标高处板局部配筋图

6. 施工注意事项

单向或双向连续板的中间支座上部同向贯通纵筋，不应在支座位置连接或分别锚固。当相邻两跨的板上部贯通纵筋配置相同，且跨中部位有足够空间连接时，可在两跨任意一跨的跨中连接部位连接，如图 2-4（a）、（b）所示；当相邻两跨的上部贯通纵筋配置不同时，应将配置较大者越过其标注的跨数终点或起点伸至相邻跨的跨中连接区域连接。

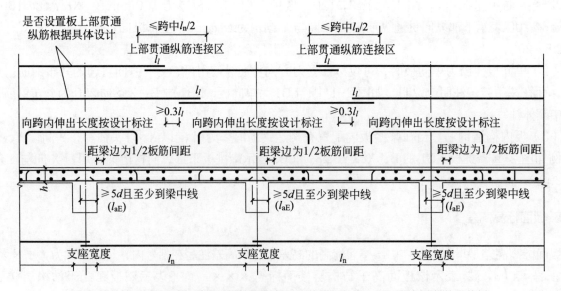

(a) 有梁楼盖楼面板LB和屋面板WB钢筋构造(括号内的锚固长度l_{aE}用于梁板式转换层的板)

图 2-4

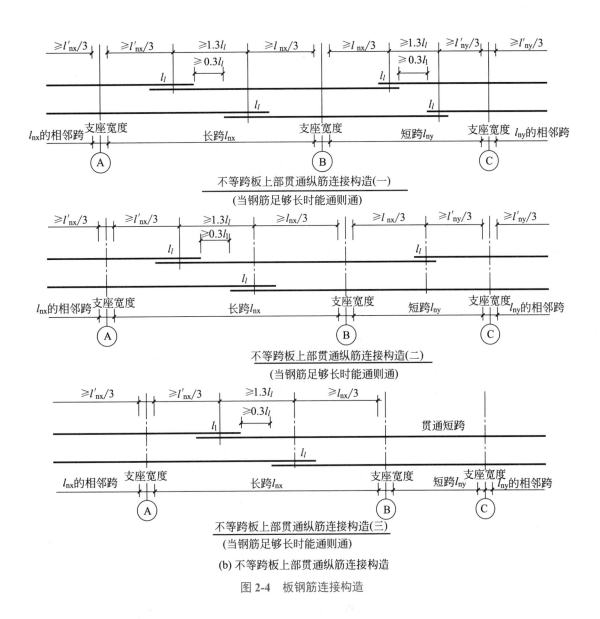

图 2-4　板钢筋连接构造

二、板支座原位标注方法

板支座原位标注的内容为：板支座上部非贯通纵筋和悬挑板上部受力钢筋。

1.板支座钢筋标注位置

板支座原位标注的钢筋，在配置相同跨的第一跨表达（当在梁悬挑部位单独配置时则在原位表达），对一般楼（屋）面板，X 方向标注于左侧第一跨支座位置，Y 方向标注于下侧第一跨支座位置。如图 2-1 中 LB4 支座上部非贯通纵筋④⊈10@150（2），在③轴及④轴配置，连续布置 2 跨，故原位标注于 LB4 的第一跨③轴处。

2.板支座钢筋标注方法

（1）楼板或屋面板支座上部非贯通筋的标注。
标注位置如前所述，在配置相同跨的第一跨（或梁悬挑部位）。
标注方法为在标注位置垂直于板支座（梁或墙）绘制一段适宜长度的中粗线（当该钢筋通长设置

在悬挑板或短跨板上部时，实线段应画至对边或贯通短跨），以该线段代表支座上部非贯通纵筋，并在线段上方注写钢筋编号（如①、②等）、配筋值、横向连续布置的跨数（注写在括号内，当为一跨时可不注写），以及是否布置到梁（墙）的悬挑端。线段下方注写非贯通筋自支座中线向跨内的延伸长度。

跨数注写方式为（××）、（××A）、（××B）三种形式，（××）表示布置的跨数为××，（××A）表示布置的跨数为××且一端带悬挑，（××B）表示布置的跨数为××且两端带悬挑。

例如图2-1中的④⌀10@150（2）表示④号钢筋连续布置2跨（在③轴及④轴配置）。图2-6中的⑨⌀12@100（2A）表示⑨号钢筋连续布置2跨且一端带悬挑。

板支座上部非贯通筋自支座中线向跨内的延伸长度，注写在线段的下方位置。

当向支座两侧非对称延伸时，应分别在支座两侧线段下注写延伸长度。例如图2-5中的②号钢筋，自支座中线向①～②跨内的延伸长度为1100mm，向②～③跨内的延伸长度为700mm，平直总长度为1800mm。

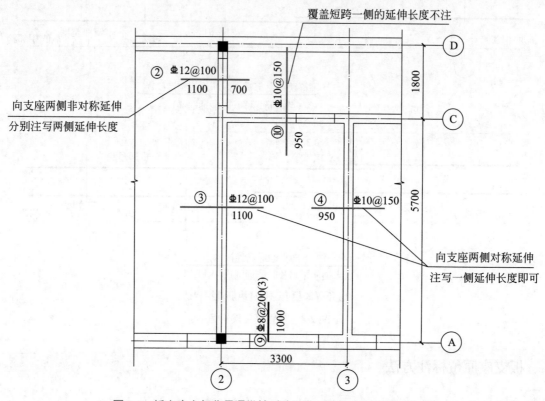

图2-5　板支座上部非贯通纵筋对称及非对称伸出长度注写方法

当中间支座上部非贯通纵筋向支座两侧对称延伸时，可仅在支座一侧线段下方标注延伸长度，另一侧不注，例如图2-5中的③号、④号钢筋，自支座中线向左右跨分别延伸1100mm及950mm。

对线段画至对边贯通全跨或贯通全悬挑长度的上部通长纵筋，贯通全跨或延伸至全悬挑一侧的长度值不注，只注明非贯通筋另一侧的延伸长度值，如图2-6中的⑨号、⑩号钢筋。

在板平面布置图中，不同部位的板支座上部非贯通纵筋及悬挑板上部受力钢筋，可仅在一个部位注写，对其他相同者则仅需在代表钢筋的线段上注写编号及横向连续布置的跨数（当为一跨时可不注）即可。

例如图2-1在板平面布置图②轴至③轴范围，ⓒ轴支承墙上绘制的短粗线段上注有⑩⌀10@150（3）和950，表示支座上部⑩号非贯通纵筋为⌀10@150，从该跨（②～③）轴起沿支承墙连续布置3跨（②～⑤轴），该钢筋一侧贯通ⓒ轴至ⓓ轴跨，一侧自支座中心向跨内的延伸长度为950mm，在同一板平面布置图⑥轴至⑦轴范围，ⓒ轴支承墙支座绘制的短粗线段上注有⑩（2）者，是表示该钢筋同⑩号钢筋，沿支承墙连续布置2跨（⑥～⑧轴）。

平法解读与应用　第二版

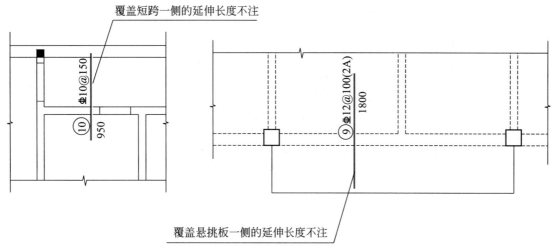

图 2-6　板支座上部非贯通纵筋贯通全跨或伸出至悬挑端注写方法

此外，与板支座上部非贯通纵筋垂直绑扎在一起的构造钢筋或分布钢筋，一般在结构图中说明或另外绘制详图，可不在图中具体注写。

（2）板支座为弧形时支座上部非贯通筋的标注。

当板支座为弧形，支座上部非贯通纵筋呈放射分布时，结构工程师会具体注明配筋间距的度量位置并加注"放射分布"四字，如图 2-7 所示，必要时还会补绘平面配筋图。

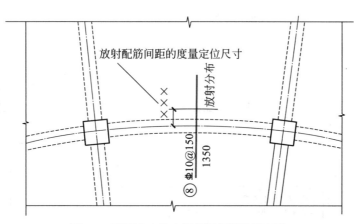

图 2-7　弧形支座处上部放射钢筋注写方法

（3）悬挑板上部受力钢筋的标注方式一。

悬挑板的上部受力钢筋注写方式如图 2-8 所示，图中表示该悬挑板的悬挑长度为 1500mm；h=150/100 表示该板为变截面板，根部厚度 150mm，端部厚度为 100mm；悬挑板上部受力钢筋的配筋方式，为悬挑板的上部受力钢筋与相邻跨内板的上部纵筋连通配置。⑨ Φ12@100 表示⑨号钢筋用量为 Φ12@100，向内延伸 1800mm，向外延伸至悬挑端端部。T：X Φ8@200 表示悬挑板上部钢筋网片 X 向钢筋用量（分布钢筋）为 Φ8@200，B：Xc & Yc Φ8@200 表示该悬挑板下部配构造钢筋，X 向与 Y 向钢筋用量均为 Φ8@200。

（4）悬挑板上部受力钢筋的标注方式二。

悬挑板的上部受力钢筋注写方式如图 2-9 所示，悬挑板的上部受力钢筋要锚固于支座内。显而易见，图 2-9 与图 2-8 悬挑端上部受力钢筋形式不同，图 2-8 为延伸悬挑板的上部受力钢筋与相邻跨内板的上部纵筋连通配置形式；图 2-9 中由于悬挑端板面低于结构楼面，⑨号钢筋无法实现贯通延伸模式，⑨号钢筋只能锚固于支座内。

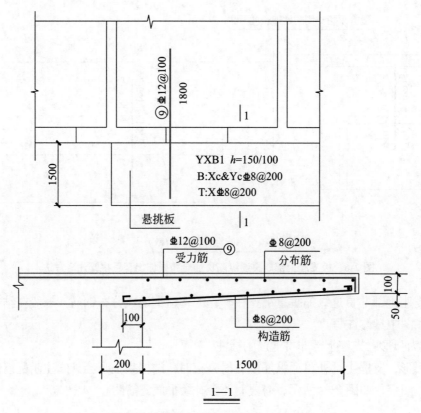

YXB1 *h*=150/100
B:Xc&Yc⌀8@200
T:X⌀8@200

悬挑板

⌀12@100 ⑨
受力筋

⌀8@200
分布筋

⌀8@200
构造筋

1—1

图 2-8　悬挑板上部钢筋标注方法（一）

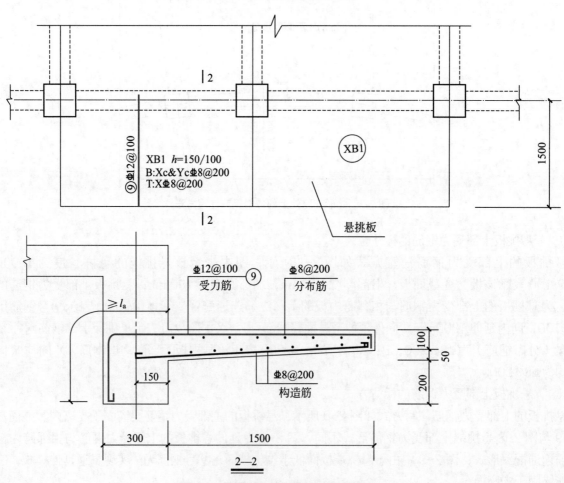

XB1 *h*=150/100
B:Xc&Yc⌀8@200
T:X⌀8@200

XB1

悬挑板

⌀12@100 ⑨
受力筋

⌀8@200
分布筋

⌀8@200
构造筋

2—2

图 2-9　悬挑板上部钢筋标注方法（二）

平法解读与应用　第二版

悬挑板的悬挑阳角上部放射钢筋的表示方法，详见楼板相关构造部分内容（见第二章第三节）。

3.板支座受力筋"隔一布一"配筋方式

板支座受力筋采用贯通纵筋与非贯通纵筋结合的"隔一布一"的方式配置表达。

"隔一布一"方式为非贯通纵筋的标注间距与贯通纵筋相同，两者组合后的实际间距为各自标注间距的 1/2。当设定贯通纵筋为纵筋总截面面积的 50% 时，两种钢筋取相同直径；当设定贯通纵筋大于或小于总截面面积的 50% 时，两种钢筋则取不同直径。一般采用"隔一布一"配筋方式的非贯通纵筋与贯通纵筋两者间距相同。

例如图 2-10 楼板 2 及楼板 3 上部已配置有贯通纵筋 T：XΦ10@250，楼板 2 左侧支座非贯通纵筋为③Φ10@250，表示在该支座上部设置的纵筋用量实际为Φ10@125，其中 1/2 为贯通纵筋，1/2 为③号非贯通纵筋。楼板 3 两侧支座非贯通纵筋为④ Φ12@250，表示该板块横向支座实际设置的上部纵筋为Φ10/12@125。

4.施工应注意事项

当支座一侧设置了上部贯通纵筋（在板集中标注中以 T 打头），而在支座另一侧仅设置了上部非贯通纵筋时，如果支座两侧设置的纵筋直径、间距相同，应将二者连通，避免各自在支座上部分别锚固，如图 2-1 中 LB1 与 LB2 间⑦号筋与 LB2 上部 X 向贯通纵筋Φ8@150，在支座处应将二者连通，具体形式应为图 2-2 相应位置配筋模式。

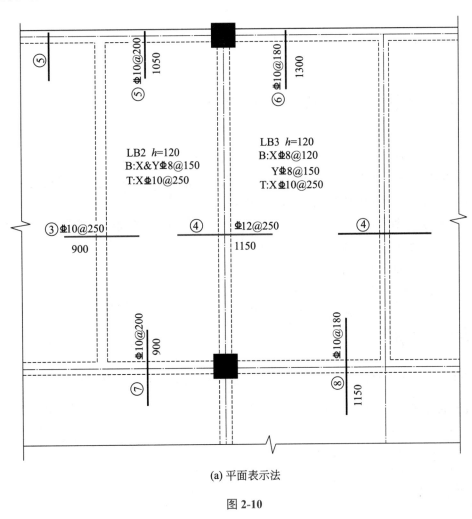

(a) 平面表示法

图 2-10

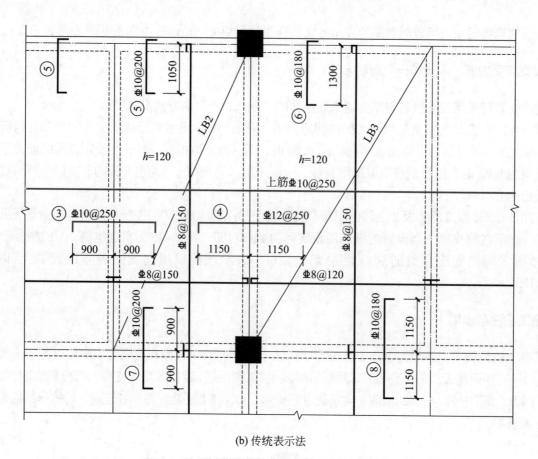

(b) 传统表示法

图 2-10 3.520 米标高处楼板配筋图（局部）

第二节 ▶ 无梁楼（屋）面板平面表示法

无梁楼（屋）面板平面施工图，同样是在楼面板或屋面板平面布置图上，用平面注写的方式表达无梁楼（屋）面板配筋情况的一种方式。板平面表示法主要包括板带集中标注和板带支座原位标注两部分内容。

板带平面表示法规定一般结构平面的坐标方向为：

二维码 2-2

（1）当两向轴网正交布置时，平面布置从左向右为 X 向，从下向上为 Y 向。

（2）当轴网转折布置时，局部坐标方向顺轴网转折角度做相应转折。

（3）当轴网向心布置时，切向为 X 向，径向为 Y 向。

对于较复杂的平面布置，具体坐标方向规定，须看施工图设计人员的具体规定。

一、板带集中标注方法

板带集中标注的内容主要有：板带编号、板带厚度、板带宽度标注及板带贯通纵筋标注。

1. 板带集中标注位置

相同编号的板带可择其一做集中标注，其他仅注写置于圆圈内的板带编号，集中标注位置在板带贯通纵筋配置相同跨的第一跨（X 向为左端跨，Y 向为下端跨）注写。具体注写内容为板带编号、板带厚度、板带宽度及板带贯通纵筋。

2. 板带编号

板带编号常用代号如表 2-2 所示。

表 2-2　板带编号

板带类型	代号	跨数及有无悬挑
柱上板带	ZSB	（××）、（××A）或（××B）
跨中板带	KZB	（××）、（××A）或（××B）

注：1. 跨数按柱网轴线计算（两相邻柱轴线之间为一跨）。
2.（××A）为一端有悬挑，（××B）为两端有悬挑。

3. 板带厚度、板带宽度标注

板带厚度注写为 $h=×××$，板带宽度注写为 $b=×××$。当设计已在图中统一注明板带厚度及板带宽度时，则可不具体注写板带厚度及板带宽度。

4. 板带贯通纵筋标注

贯通纵筋按板带的下部和上部分别注写。标注方法：
B——下部纵向贯通纵筋；
T——上部纵向贯通纵筋；
B&T——下部与上部纵向贯通纵筋。
例：一板带注写为 ZSB2（6A）　$h=300$，$b=3000$；
　　　　B：XΦ18@100；T：XΦ20@200

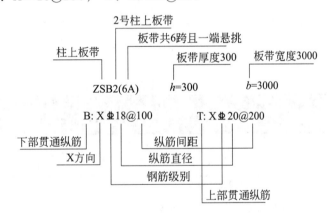

表示 2 号柱上板带，共 6 跨且一端带悬挑，板厚为 300mm，板带宽为 3000mm，X 向板带贯通纵筋用量下部为 Φ18@100，上部为 Φ20@200。

5. 板面标高高差

当局部区域的板面标高与整体存在差异时，应注明高差值并标明相应分布范围。同样低于结构楼（屋）面时，标注为（-×××），高于结构楼（屋）面时，标注为（+×××）或（×××）。

6. 施工注意事项

相邻等跨板带上部贯通纵筋应在跨中 1/3 净跨长范围内连接，当同向连续板带的上部贯通纵筋配置不同时，应将配筋较大者越过其标注的跨数起点或终点伸至相邻跨的跨中连接区域连接。

二、板带支座原位标注方法

板带支座原位标注的内容为：板带支座上部非贯通纵筋。板带支座钢筋标注方法如下。

标注方法为以一段与板带同向的中粗实线段代表板带支座上部非贯通纵筋；对柱上板带，实线段贯穿柱上区域绘制；对于跨中板带，实线段横贯柱网轴线绘制。在线段上方注写钢筋编号（如①、②等）、配筋值、连续布置的跨数（注写在括号内，当为一跨时可不注写），以及是否布置到悬挑端；线段下方注写自支座中线向两侧跨内的延伸长度。

当板带向支座两侧非对称延伸时，应分别在支座两侧线段下方注写延伸长度。当板带支座上部非贯通纵筋向支座两侧对称延伸时，可仅在支座一侧线段下方标注延伸长度，另一侧不注。当配置在有悬挑端的边柱上时，实线段伸至悬挑端末端，只注明非贯通筋另一侧的延伸长度值，延伸至全悬挑一侧的长度值不用标注。当板支座上部非贯通纵筋呈放射分布时，需要注意结构工程师具体注明配筋间距的定位位置。

不同部位的板带支座上部非贯通纵筋相同者，可仅在一个部位注写，其他相同者则仅需在代表钢筋的线段上注写编号即可。

三、暗梁的表示方法

暗梁的平面表示法主要包括暗梁集中标注和暗梁支座原位标注两部分内容。施工图中在柱轴线处以中粗虚线表示暗梁。

1. 暗梁集中标注

暗梁集中标注内容有暗梁编号（表2-3）、暗梁截面尺寸（暗梁箍筋外皮宽度及板厚）、暗梁箍筋、暗梁上部通长筋或架立筋四部分内容。具体标注方法同普通梁集中标注规定。

表2-3　暗梁编号

构件类型	代号	序号	跨数及有无悬挑
暗梁	AL	××	（××）、（××A）或（××B）

注：1. 跨数按柱网轴线计算（两相邻柱轴线之间为一跨）。

2. （××A）为一端有悬挑，（××B）为两端有悬挑，悬挑不计入跨数。

2. 暗梁支座原位标注

暗梁支座原位标注内容包括暗梁支座上部纵向钢筋、下部纵向钢筋。当暗梁集中标注的内容不适用于暗梁的某部位时，则将该部位暗梁的内容做原位标注。施工时按原位标注取值，即原位标注优先采用。

注意：当设置暗梁时，柱上板带及跨中板带标注方式与前述无梁楼盖板带集中标注及板带支座原位标注方法相同。柱上板带标注的配筋仅设置在暗梁之外的柱上板带范围内。暗梁纵向钢筋连接、锚固及支座上部纵筋的伸出长度等要求同轴线处柱上板带中纵向钢筋。

无梁楼盖板带集中标注、板带支座原位标注及暗梁平面标注方法如图2-11所示。

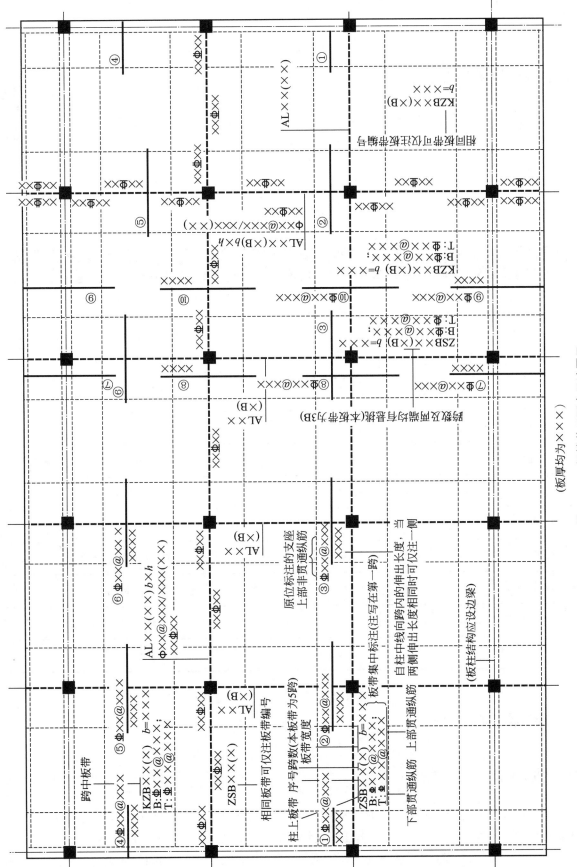

（板厚均为××××）

图 2-11 无梁楼盖平面表示法图示

第二章 钢筋混凝土板施工图平面表示法解读

第三节 ▶ 楼板相关构造制图规则

一、楼板相关构造表示方法

楼板相关构造的平法施工图设计，在板平法施工图上采用直接引注方式表达。

二维码 2-3

二、楼板相关构造类型

常用楼板相关构造类型与编号见表 2-4 的规定。

表 2-4 楼板相关构造类型与编号

构造类型	代号	序号	说 明
纵筋加强带	JQD	××	以单向加强纵筋取代原位置配筋
后浇带	HJD	××	有不同的留筋方式
柱帽	ZMx	××	适用于无梁楼盖
局部升降板	SJB	××	板厚及配筋与所在板相同，构造升降高度≤300mm
板加腋	JY	××	腋高与腋宽可选注
板开洞	BD	××	最大边长或直径＜1m，加强筋长度有全跨贯通和自洞边锚固两种
板翻边	FB	××	翻边高度≤300mm
角部加强筋	Crs	××	以上部双向非贯通加强钢筋取代原位置的非贯通配筋
悬挑板阴角附加筋	Cis	××	板悬挑阴角上部斜向附加钢筋
悬挑板阳角放射筋	Ces	××	板悬挑阳角上部放射筋
抗冲切箍筋	Rh	××	通常用于无柱帽无梁楼盖的柱顶
抗冲切弯起筋	Rb	××	通常用于无柱帽无梁楼盖的柱顶

三、楼板构造制图规则

1. 纵筋加强带 JQD 的引注

纵筋加强带设单向加强贯通纵筋，取代其所在位置板中原配置的同向贯通纵筋。根据受力需要，加强贯通纵筋可在板下部设置，也可在板下部和上部均设置。纵筋加强带 JQD 的引注见图 2-12。

当板下部和上部均设置加强贯通纵筋，而加强带上部横向无配筋时，横向钢筋设计者会注明或说明。当将纵筋加强带设置为暗梁形式时应注写箍筋，其引注见图 2-13。

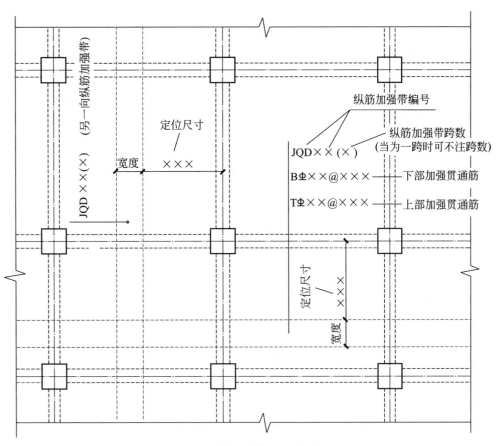

图 2-12　纵筋加强带 JQD 引注图示

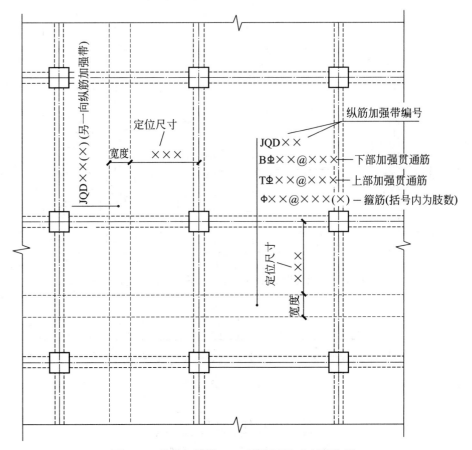

图 2-13　纵筋加强带 JQD 引注图示（暗梁形式）

2. 后浇带 HJD 的引注

后浇带的平面形状及定位由平面布置图表达，后浇带留筋方式等由引注内容表达，详见图 2-14、图 2-15。

后浇带留筋方式有贯通留筋、100% 搭接留筋和 50% 搭接留筋三种，如图 2-16～图 2-18 所示。现 16G101-1 图集采用贯通留筋和 100% 搭接留筋两种方式，具体留置方式详见图 2-16 及图 2-17。

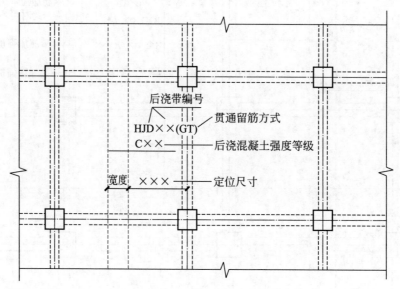

图 2-14 后浇带 HJD 引注图示（贯通留筋方式）

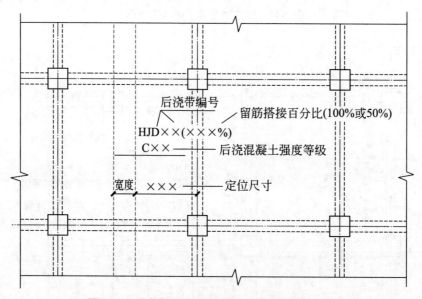

图 2-15 后浇带 HJD 引注图示（搭接留筋方式）

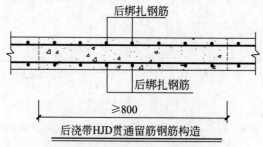

图 2-16 后浇带留筋方式一（贯通留筋方式）

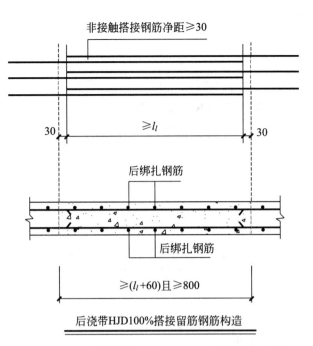

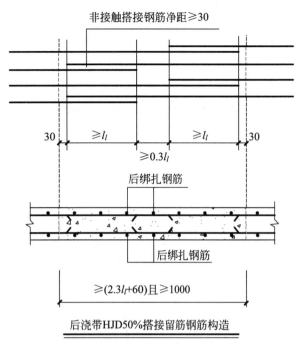

图 2-17 后浇带留筋方式二（100% 搭接留筋方式）　　　图 2-18 后浇带留筋方式三（50% 搭接留筋方式）

3. 局部升降板 SJB 的引注

局部升降板的平面形状及定位由平面布置图表达，其他内容由引注内容表达，如图 2-19 所示。

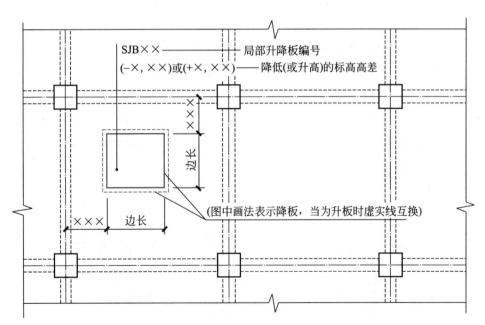

图 2-19　局部升降板 SJB 引注图示

局部升降板的板厚、壁厚和配筋，在标准构造详图中取与所在板块的板厚和配筋相同，设计不注，如图 2-20、图 2-21 所示；当采用不同板厚、壁厚和配筋时，详见设计补充绘制的截面配筋图。若局部升降板一侧有梁时，板中纵筋可直接锚入梁内，如图 2-22 所示。若板局部升降部位上下纵向钢筋用量大于同向板上下纵向钢筋用量时，局部升降部位上下需插空补筋，如图 2-23 所示。

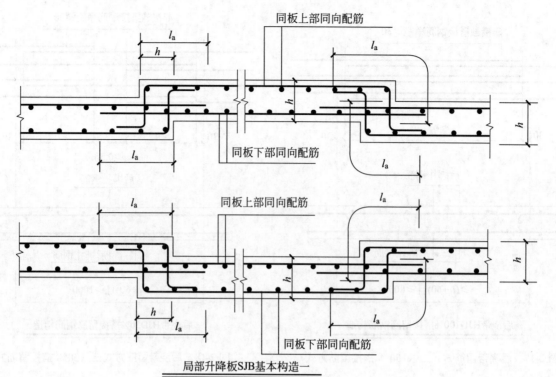

局部升降板SJB基本构造一

局部升高与降低的高度小于板厚

图 2-20 局部升降板 SJB 基本构造（一）

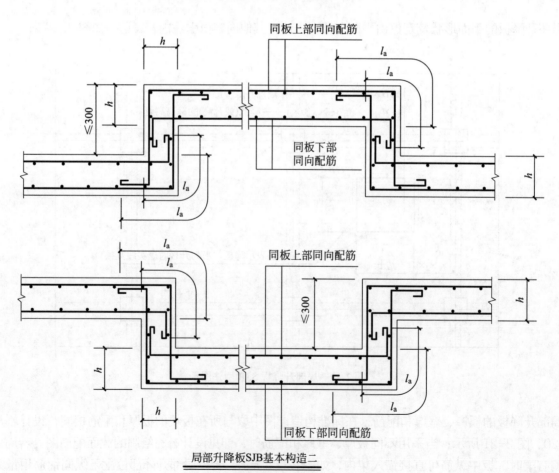

局部升降板SJB基本构造二

图 2-21 局部升降板 SJB 基本构造（二）

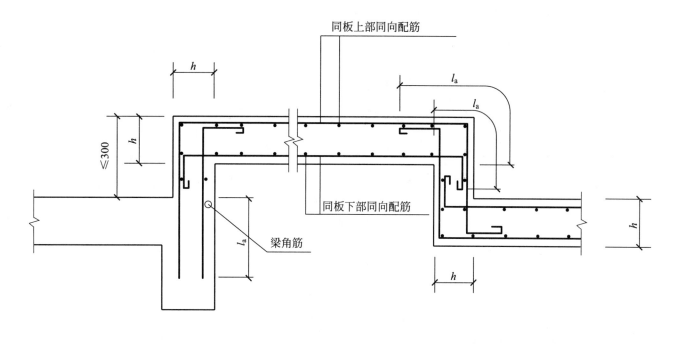

同板上部同向配筋

同板下部同向配筋

梁角筋

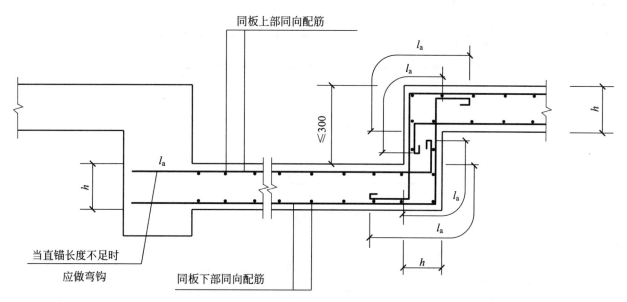

同板上部同向配筋

当直锚长度不足时
应做弯钩

同板下部同向配筋

局部升降板SJB基本构造三

图 2-22　局部升降板 SJB 基本构造（三）

4. 板开洞 BD 的引注

板开洞的平面形状及定位由平面布置图表达，洞的几何尺寸等由引注内容表达，如图 2-24 所示。

矩形洞口边长或圆形洞口直径不大于 300mm 时，板中受力钢筋可绕过洞口，不另设补强钢筋，如图 2-25 所示。矩形洞口边长或圆形洞口直径大于 300mm 小于 1000mm 时，洞口补强钢筋的设置如图 2-26 所示。

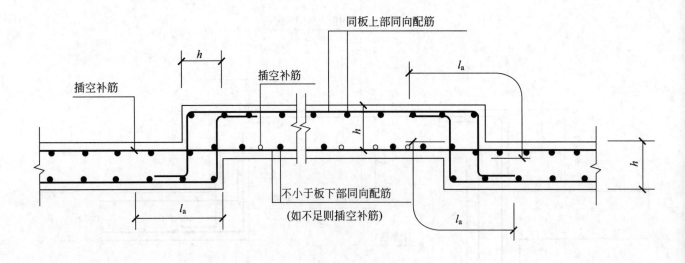

插空补筋

同板上部同向配筋

插空补筋

不小于板下部同向配筋

（如不足则插空补筋）

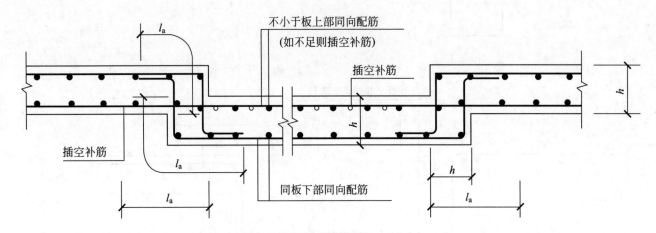

不小于板上部同向配筋

（如不足则插空补筋）

插空补筋

插空补筋

同板下部同向配筋

局部升降板SJB基本构造四

局部升高与降低的高度小于板厚

图 2-23　局部升降板 SJB 基本构造（四）

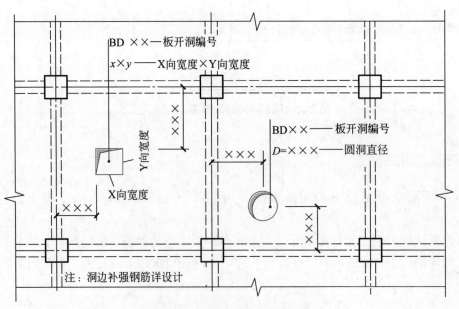

BD ×× —— 板开洞编号

x×y —— X向宽度×Y向宽度

BD×× —— 板开洞编号

D=××× —— 圆洞直径

Y向宽度

X向宽度

注：洞边补强钢筋详设计

图 2-24　板开洞 BD 引注图示

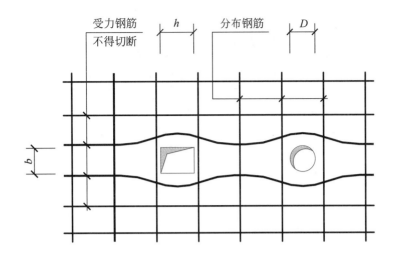

孔洞≤300板钢筋布置构造

(b≤300, D≤300; 双向受力板; h≤300)

图 2-25　矩形洞口边长和圆形洞口直径不大于 300m 时钢筋构造

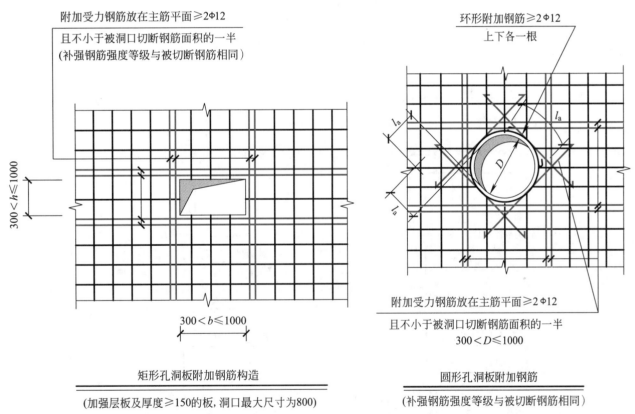

矩形孔洞板附加钢筋构造

(加强层板及厚度≥150的板, 洞口最大尺寸为800)

圆形孔洞板附加钢筋

(补强钢筋强度等级与被切断钢筋相同)

图 2-26　矩形洞口边长和圆形洞口直径大于 300mm 但不大于 1000mm 时补强钢筋构造

5. 板翻边 FB 的引注

板翻边可为上翻边也可为下翻边, 翻边尺寸等在引注内容中表达, 如图 2-27 所示, 翻边高度在标准构造详图中为≤300mm, 相应板翻边构造如图 2-28 所示。当翻边高度>300mm 时, 按板挑檐构造进行处理。

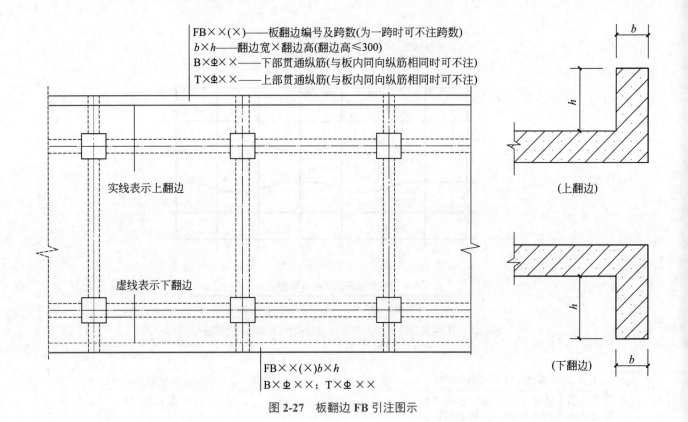

图 2-27 板翻边 FB 引注图示

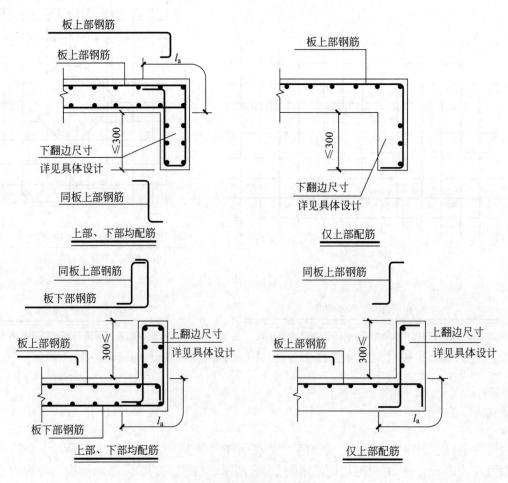

图 2-28 板翻边 FB 构造

6. 板角部加强筋 Crs 的引注

角部加强筋通常用于板块角区的上部，如图 2-29 所示。角部加强筋将在其分布范围内取代原配置的板支座上部非贯通纵筋，且当其分布范围内配有板上部贯通纵筋时则插空布置。

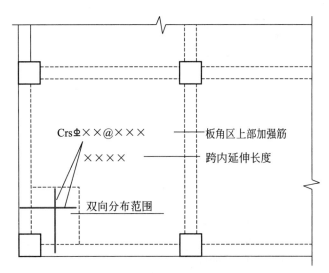

图 2-29　板角部加强筋 Crs 引注图示

7. 悬挑阴角附加筋 Cis 的引注

悬挑阴角附加钢筋是在悬挑板的阴角部位斜放的附加钢筋，如图 2-30 所示。

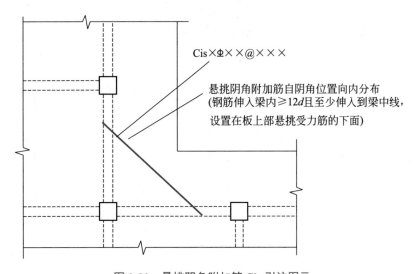

图 2-30　悬挑阴角附加筋 Cis 引注图示

8. 悬挑阳角放射筋 Ces 的引注

悬挑阳角放射钢筋 Ces 的引注，如图 2-31 所示。
注意：图中 $a \leqslant 200$mm。

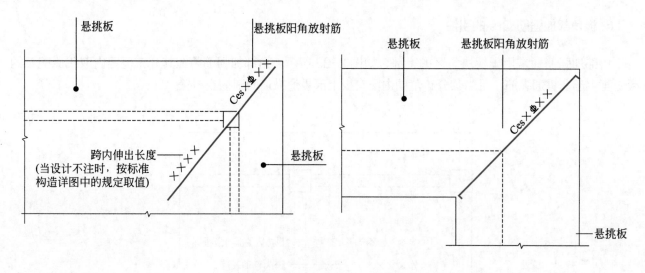

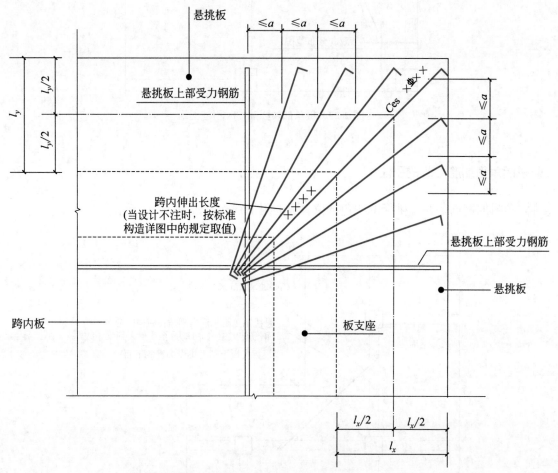

图 2-31 悬挑阳角放射筋 Ces 引注图示

9. 板加腋 JY 的引注

板加腋的位置与范围由平面布置图表达，腋宽、腋高及配筋等由引注内容表达。平面布置图中加腋线为虚线表示板底加腋，如图 2-32 所示；若为板面加腋时，则平面布置图中加腋线为实线。当腋宽、腋高同板厚时，设计不注，板加腋构造如图 2-33 所示。

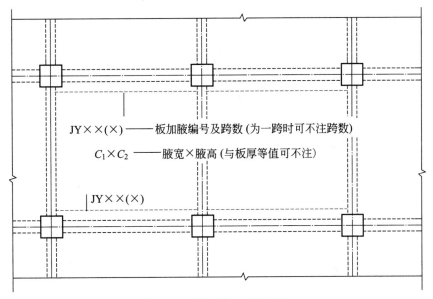

图 2-32 板加腋 JY 引注图示

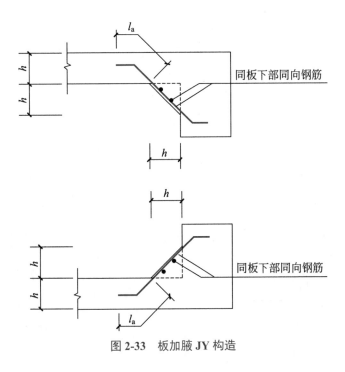

图 2-33 板加腋 JY 构造

单项能力实训题

1. 如图 2-34 所示结构平面图中，平面形状不同、跨度不同、楼面标高不同的板块⑥、⑨、⑩可否编为同一板号？请用平面表示法重新表达图示结构平面图。

2. 如图 2-35 所示板支座上筋为φ12@120，实际施工时为利用截剩的短钢筋，将板支座上筋做成图 2-36 形式。请问该做法是否可行？为什么？

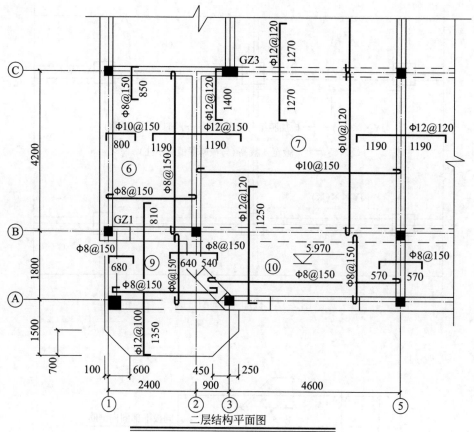

板厚均为120mm, 未标注板顶标高为5.950m

图 2-34

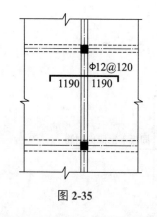

图 2-35

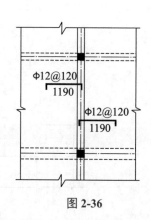

图 2-36

3. 有一楼面板块注写为：LB2 *h*=120；

              B：X⏀10@150；Y⏀8@150

请解释其表达的内容。

4. 某板块集中标注为：WB4 *h*=120（0.300）；

              B：X&Y⏀8@120

请解释其表达的内容。

5. 某板支座原位标注为③⏀12@150（3A），请画图表达其含意。

综合能力实训题

如图 2-37 所示为某写字楼六层板平法施工图，请画出该层板传统配筋图。

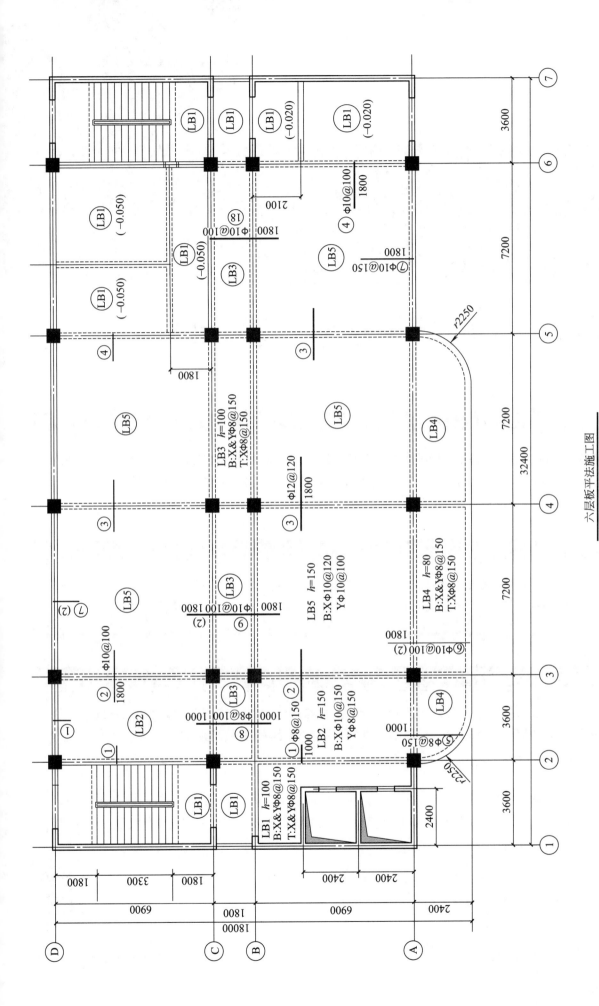

六层板平法施工图
板面标高为19.470m
注:未注明板分布筋均为φ8@250

图 2-37　某写字楼六层板平法施工图

第二章　钢筋混凝土板施工图平面表示法解读

03

第三章

钢筋混凝土柱施工图平面表示法解读

学习目标

　　通过对本章的学习，掌握钢筋混凝土柱施工图平面表示法制图规则和施工注意事项；了解柱平面表示的具体内容要求；掌握柱配筋表示方法；掌握柱配筋的构造要求，能看懂柱配筋施工图。

能力目标

　　通过本章的学习，能够熟读钢筋混凝土柱"平法"配筋图；具有将每根柱平面表示译为截面表示的能力；熟悉柱在抗震与非抗震地区钢筋的构造要求，具有与柱平面表示结合运用的能力。

素质目标

　　通过本章学习，尤其是柱的纵筋、箍筋在节点处，柱与基础、梁主次关系不同处理方式不同的学习。培养学生重视主要因素，抓住重点，同时不忽视次要因素，全面考虑问题的能力。

　　柱平面表示法是施工图中的一种常见的标注方法，特别是在高层结构中广泛使用。此法简单明确，但它的使用必须同柱构造相结合才能运用自如。柱平法施工图的表示方法主要采用列表注写和截面注写两种方式，下面将柱平面表示法介绍如下。

第一节 ▶ 柱列表注写方法

二维码 3-1

　　列表注写由两部分组成，一是柱平面布置图，二是与平面图配套使用的柱表。在柱平面布置图上表示各种柱的形状、柱编号及柱定位尺寸等内容。柱列表注写法是在平面布置图上分别在同一编号的柱中选择一个（有时需要选择几个）截面，标注几何参数代号。在柱表中注写柱号、柱段起止标高、几何尺寸（含柱截面对轴线的偏心情况）与配筋的具体数值，并配以各种柱截面形状及其箍筋类型图的方式，表达柱配筋图，例如图 3-1 为某工程柱、剪力墙平面布置图局部，配合表 3-1 列表表达框架柱 KZ1 的配筋方式。

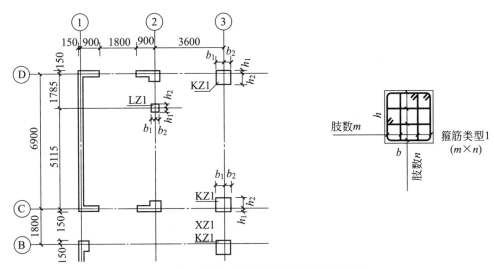

图 3-1　某工程柱、剪力墙平面布置图（局部）

表 3-1　框架柱 KZ1 的配筋方式

柱号（柱编号）	标高/m	$b×h$（圆柱直径D）/mm	b_1/mm	b_2/mm	h_1/mm	h_2/mm	全部纵筋	角筋	b边一侧中部钢筋	h边一侧中部钢筋	箍筋类型号	箍筋
KZ1	$-0.030 \sim$ 19.47	$750×700$	375	375	150	550	24 ⨤25				1(4×4)	Φ10@100/200
	$19.47 \sim$ 34.47	$650×600$	325	325	150	450		4 ⨤22	5 ⨤22	4 ⨤20	1(4×4)	Φ10@100/200
	$34.47 \sim$ 59.07	$550×500$	275	275	150	350		4 ⨤22	5 ⨤22	4 ⨤20	1(4×4)	Φ10@100/200

柱列表注写内容具体规定如下。

1. 注写柱编号（实际施工图中的柱号）

柱编号由类型代号和序号组成，如表 3-2 所示。

表 3-2　柱编号

柱类型	类型代号	序　　号
框架柱	KZ	××
转换柱	ZHZ	××
芯柱	XZ	××
梁上柱	LZ	××
剪力墙上柱	QZ	××

注意：编号时，当柱的总高度、分段截面尺寸和配筋均对应相同，仅分段截面与轴线的关系不同时，仍可将其编为同一柱号，但要在平面布置图中注明截面与轴线的关系。图 3-1 中③轴与⑧轴、①轴相交处 KZ1 与纵向轴线间的关系就与③轴与©轴相交处 KZ1 与纵向轴线间的关系不同。

2. 各柱段起止标高

对柱段的起止标高作如下规定：

列表注写法中各段柱的起止标高，自柱根部往上以柱变截面位置或截面不变钢筋改变处为分界段注写。其中各类柱的根部位置规定为：

（1）框架柱或框支柱根部标高指基础顶面标高。

（2）芯柱的根部标高是根据结构实际需要而定的起始位置标高。

（3）梁上柱的根部标高是指梁顶面标高。

（4）剪力墙上柱的根部标高一般为剪力墙顶面标高。但需注意柱在剪力墙的锚固方式有两种，锚固方式不同，柱根部标高位置不同。剪力墙上柱的根部标高为剪力墙顶面时，柱纵筋锚固在墙顶部，该种做法规定剪力墙平面外方向要设置梁；当柱与剪力墙重叠一层时，柱根部标高为墙顶面往下一层的结构层楼面标高。

3. 几何尺寸（含柱截面对轴线的偏心情况）

柱截面符号表示（柱截面尺寸必须和轴线发生关系）：

h, b——长方形柱截面的边长；

D——圆形截面的直径；

b_1, b_2——柱截面形心距横向轴线的距离；

h_1, h_2——柱截面形心距纵向轴线的距离。

如图 3-1 所示。

4. 柱纵向受力钢筋

柱配筋的具体方式、数量以柱截面形状及箍筋类型图相结合的方式表达。

注写柱纵筋时，当柱纵向受力钢筋直径相同、各边根数也相同时，将纵筋注写在全部纵筋一栏中；例如图 3-2 中 KZ4 每侧配筋均为 4Φ20，表达全部纵筋为 12Φ20。柱各边根数不同时，柱纵筋分角筋、截面 b 边中部钢筋、截面 h 边中部钢筋三项分别注写（对于采用对称配筋的矩形截面柱，可仅注写一侧中部钢筋，对称边省略；对于采用非对称配筋的矩形截面柱，必须每侧均注写中部钢筋）。例如图 3-4 中 KZ1 角筋为 4Φ22，b 边中部钢筋为 5Φ22，b 边钢筋总用量为 7Φ22，h 边中部钢筋为 4Φ20，h 边钢筋总用量为 2Φ22+4Φ20。

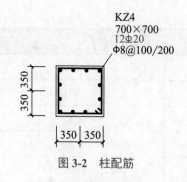

KZ4
700×700
12Φ20
Φ8@100/200

350 | 350

350 | 350

图 3-2　柱配筋

平法解读与应用　第二版

5. 柱箍筋

柱箍筋表达需要分别注写箍筋类型，箍筋的肢数，箍筋的级别、直径、间距。

箍筋常用类型如图 3-3 所示。

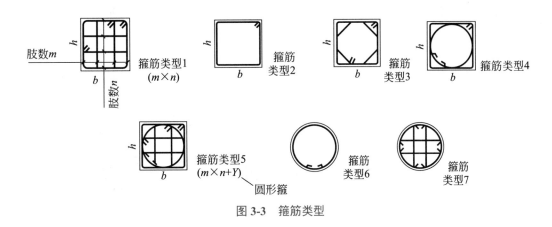

图 3-3　箍筋类型

用 "/" 表示柱端箍筋加密区与柱身非加密区长度范围内箍筋的不同间距。如表 3-1 中箍筋 φ10@100/200 表示箍筋为 Ⅰ 级钢筋即 HPB300 级钢筋，直径为 φ10，加密区间距为 100mm，非加密区间距为 200mm。若表达为 φ10@100/200（φ12@100）则表示箍筋加密区范围内箍筋用量有变化，其中框架节点核心区范围内箍筋使用量为 φ12@100，即箍筋为 Ⅰ 级钢筋即 HPB300 级钢筋，直径为 φ12 间距为 100mm；其余加密区范围内箍筋使用量是 φ10@100，即 HPB300 级钢筋，直径为 φ10，加密区间距为 100mm；非加密区范围内箍筋使用量是 φ10@200，即 HPB300 级钢筋，直径为 φ10，间距为 200mm。当箍筋沿柱全高为一种间距时，则不使用 "/"。

当圆柱采用螺旋箍筋时，需在箍筋前加 "L"。例：Lφ10@100/200，表示采用螺旋箍筋，Ⅰ 级钢筋即 HPB300 级钢筋，直径为 φ10，加密区间距为 100mm，非加密区间距为 200mm。

注意：加密区长度、非加密区长度图纸如没有明确标注，施工人员必须根据标准构造详图的规定，在规定的几种长度值中取其最大者作为加密区长度。

第二节 ▶ 柱截面注写方式

二维码 3-2

截面注写方式，系在柱平面布置图的柱截面上，分别在同一编号的柱中选择一个截面，将比例适当放大后，以直接注写截面尺寸和配筋具体数值的方式来表达柱平法施工图，如图 3-4 所示。例如图中 KZ1 表示框架柱编号，650×600 是柱截面尺寸，其具体定位如图所示；4Φ22 表示柱角部纵筋为 4 根直径为 22mm 的 Ⅲ 级钢筋即 HRB400 级钢筋，每角一根；5Φ22 表示此边及对边中部另配置 5 根 22mm 的 Ⅲ 级钢筋即 HRB400 级钢筋，此边钢筋总用量为 7Φ22；4Φ20 表示此边及对边中部另配置 4 根 20mm 的 Ⅲ 级钢筋即 HRB400 级钢筋，此边纵筋总用量为 2Φ22+4Φ20。φ10@100/200 表示箍筋为 Ⅰ 级钢筋即 HPB300 级钢筋，直径为 φ10，加密区间距为 100mm，非加密区间距为 200mm。

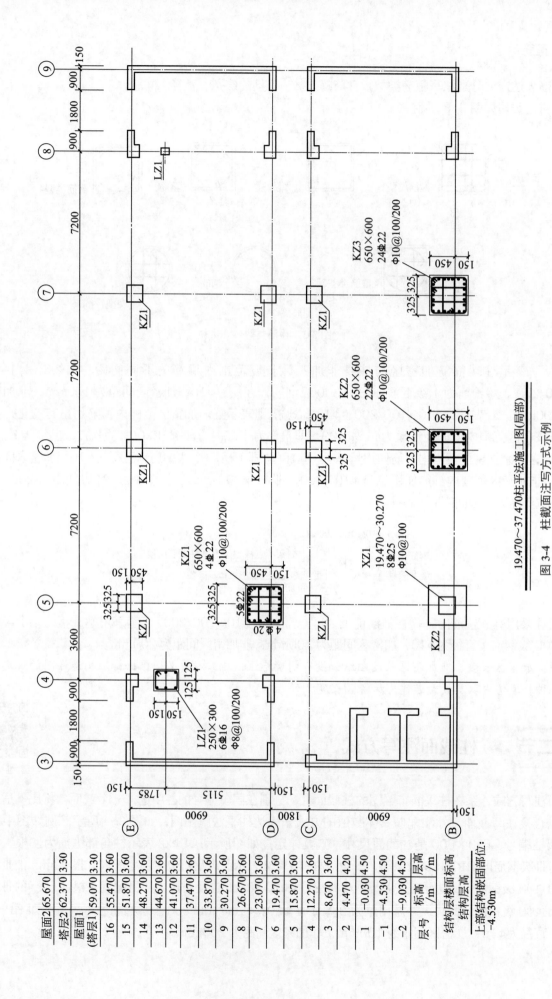

19.470～37.470柱平法施工图(局部)

图 3-4 柱截面注写方式示例

	屋面2	65.670	3.30
	塔层2	62.370	3.30
	屋面1(塔层1)	59.070	3.60
16		55.470	3.60
15		51.870	3.60
14		48.270	3.60
13		44.670	3.60
12		41.070	3.60
11		37.470	3.60
10		33.870	3.60
9		30.270	3.60
8		26.670	3.60
7		23.070	3.60
6		19.470	3.60
5		15.870	3.60
4		12.270	3.60
3		8.670	4.20
2		4.470	4.50
1		-0.030	4.50
-1		-4.530	4.50
-2		-9.030	4.50
层号		标高/m	层高/m

结构层楼面标高
结构层高

上部结构嵌固部位：
-4.530m

同样 KZ3 是框架柱编号，650×600 是柱截面尺寸，24 ф22 表示纵筋为 24 根直径为 22mm 的Ⅲ级钢筋即 HRB400 级钢筋，每边均匀放置即每边放置 7 根。Φ10@100/200 表示箍筋为Ⅰ级钢筋即 HPB300 级钢筋，直径为 Φ10，加密区间距为 100mm，非加密区间距为 200mm。但对于 KZ2 需特别注意其与 KZ3 的区别，这两个柱均为矩形柱截面尺寸相同，与轴线之间的定位关系也相同，表达方式相同，但钢筋总用量不同，除去 4 根角筋后剩余钢筋用量，KZ3 是 20 根恰好是 4 的倍数，结合图形表达，每边钢筋用量相同，均为 7ф22；但 KZ2 除去 4 根角筋后剩余钢筋用量是 18 根，不是 4 的倍数，说明 b 边、h 边钢筋用量是不同的，这种情况就必须严格结合平面图，准确确定各边的具体用量；结合平面图，该 KZ2 其 b 边钢筋用量是 7ф22，h 边钢筋用量则是 6ф22，KZ2 箍筋用量与 KZ3 相同。

注意：在截面注写方式中，如柱的分段截面尺寸和配筋均相同，仅截面与轴线的关系不同时，同样可以编为同一编号柱，需要特别注意该种柱在柱平面布置图中的具体定位。图 3-4 中Ⓒ轴、Ⓓ轴的 KZ1 就存在这种问题。

第三节 ▶ 芯柱

芯柱是柱中柱。芯柱可以根据需要，在框架柱的一定高度范围内设置。芯柱中心一般与框架柱中心重合，所以芯柱定位随框架柱，不需要注写其与轴线间的几何关系；芯柱截面尺寸常用构造尺寸，若施工图给出芯柱截面尺寸确定方法，如图 3-5 所示，则可以不标注其截面尺寸；如施工图给出具体尺寸标注，则按施工图要求尺寸执行。

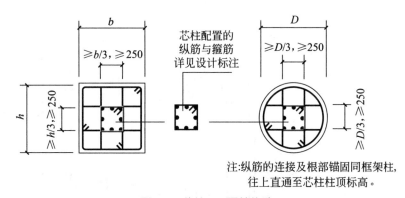

二维码 3-3

图 3-5 芯柱 XZ 配筋构造

芯柱同样需要进行编号、注写芯柱的起止标高、标注芯柱的纵筋及箍筋用量。注写方法与框架柱类同。例如图 3-4 中 KZ2 在 19.470～30.270m 范围就设有芯柱 XZ1，截面尺寸若按构造确定，为 250mm×250mm；纵筋用量 8ф25，每边 3ф25；箍筋为 Φ10@100。

第四节 ▶ 柱构造

二维码 3-4

柱纵向钢筋连接基本要求：

（1）柱相邻纵向钢筋连接接头相互错开，在同一连接区段内钢筋接头面积百分率不宜大于 50%。

（2）柱纵向钢筋直径大于 28mm 时，不宜采用绑扎搭接接头。

（3）轴心受拉以及小偏心受拉柱内的纵向钢筋不得采用绑扎搭接接头，设计者会在柱平法结构施工图中注明这些柱的平面位置及所在层数。

（4）机械连接接头和焊接连接接头的类型及质量应符合国家现行有关标准的规定。

一、框架柱（KZ）柱身纵向钢筋连接构造

（1）框架柱嵌固部位为基础顶面时框架柱柱身纵向钢筋连接构造（绑扎搭接、机械连接、焊接连接）如图3-6所示，图中 h_c 为柱截面长边尺寸（圆柱为截面直径），H_n 为所在楼层的柱净高。上柱钢筋比下柱多时见图3-6（a），上柱钢筋直径比下柱钢筋直径大时见图3-6（b），下柱钢筋比上柱多时见图3-6（c），下柱钢筋直径比上柱钢筋直径大时见图3-6（d）。

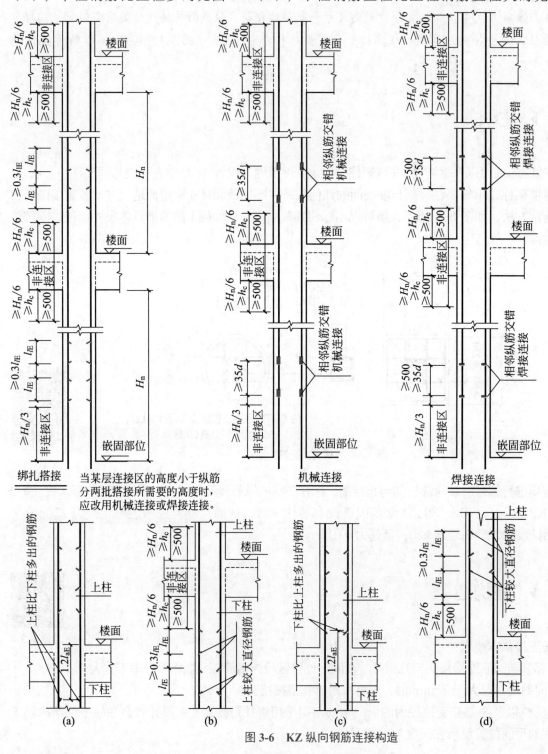

图 3-6　KZ 纵向钢筋连接构造

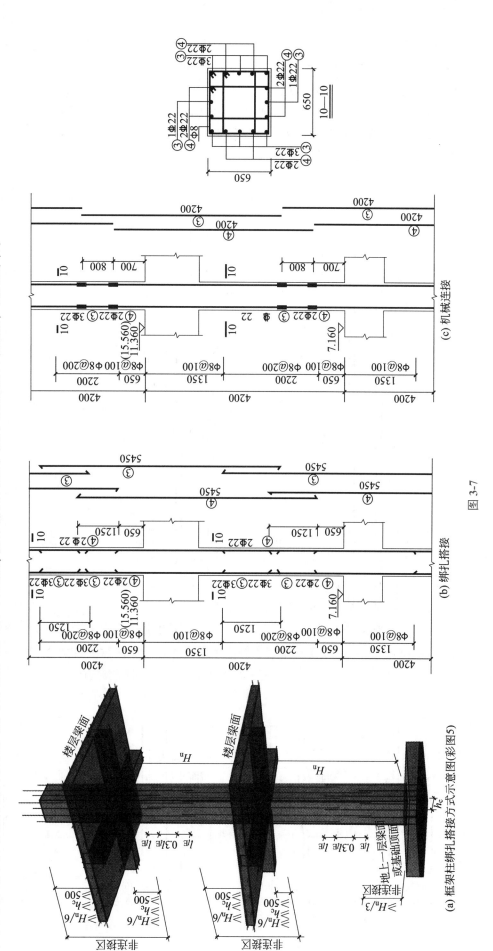

注意：图3-6（a）～（d）为框架柱绑扎搭接方式图例，若为机械连接或焊接连接方式，该做法同样适用。图3-7（a）为框架柱绑扎搭接连接方式三维图例。需要特别注意的是，当两种钢筋直径不同时，l_{lE}取较细钢筋直径计算即可。当采用绑扎搭接区的高度小于纵筋分两批搭接所需要的高度时，应改用机械连接或焊接连接。例如图3-7（b）所示某一级框架柱（局部区段），框架梁梁高700mm，采用C30混凝土浇筑，钢筋采用HRB400，采用搭接钢筋面积百分率≤50%时，钢筋的$l_{lE}=56d=56×22=1232(mm)$，则搭接连接区段长度$1.3l_{lE}=1.3×1232=1602(mm)$。同一区段内搭接钢筋百分率达50%，搭接连接区段中心距离为4200-1350-1250/2-1250/2=950(mm)<1602mm。属于同一连接区段，实际接头率达100%，这种连接不宜采用。如图3-7（c）中柱改为机械连接或焊接连接（也可采用焊接连接），机械连接或焊接连接其接头连接区段长度均为35d=35×22=770mm，实际接头中间距值为800mm>770mm，满足要求。

(a) 框架柱绑扎搭接方式示意图(彩图5)

(b) 绑扎搭接

(c) 机械连接

图3-7

（2）框架柱嵌固部位在基础顶面以上时，嵌固部位到基础顶面地下室部分框架柱柱身纵向钢筋连接构造（绑扎搭接、机械连接、焊接连接）如图 3-8 所示。

（3）柱变截面处纵向钢筋构造。

柱身截面尺寸发生变化时，柱中纵向钢筋做法主要有两种：当截面尺寸变化较小时，钢筋可以随截面变化弯折延伸，如图 3-9 所示中第二、第四种做法；当截面尺寸变化大时，则需要分别锚固，如图 3-9 所示中第一、第三、第五种做法。

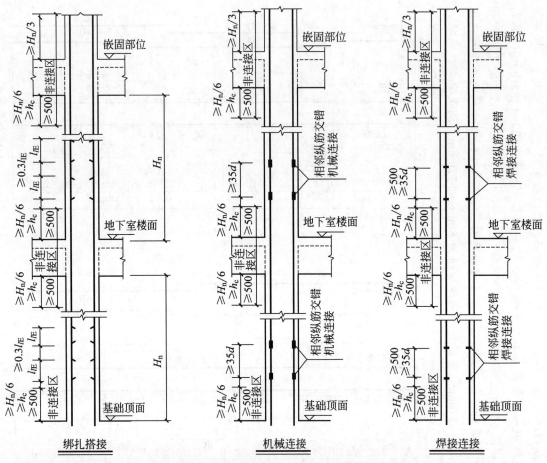

当某层连接区的高度小于纵筋分两批搭接所需要的高度时，应改用机械连接或焊接连接。

图 3-8　地下室 KZ 纵向钢筋连接构造

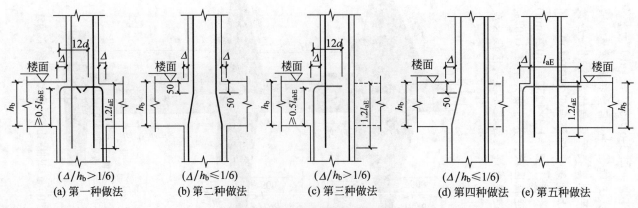

图 3-9　柱变截面位置纵向钢筋构造

二、框架柱（KZ）柱顶纵向钢筋锚固构造

1. 框架柱（KZ）中柱柱顶纵向钢筋锚固构造

框架柱中柱柱顶纵向钢筋的锚固方式有四种做法，如图 3-10 所示。施工人员按结构工程师选定做法施工即可。

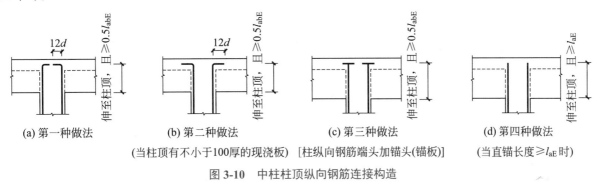

(a) 第一种做法　　　(b) 第二种做法　　　(c) 第三种做法　　　(d) 第四种做法

（当柱顶有不小于100厚的现浇板）　[柱纵向钢筋端头加锚头(锚板)]　（当直锚长度≥l_{aE}时）

图 3-10　中柱柱顶纵向钢筋连接构造

2. 框架柱边柱和角柱柱顶纵向钢筋锚固构造

框架柱边柱和角柱柱顶纵向钢筋的锚固方式常用有两类做法，一类为如图 3-11 之节点①～③所示为柱筋入梁做法。其中节点②、③做法要求伸入梁内的柱外侧纵筋用量不宜少于柱外侧全部纵筋用量的65%；由于柱截面尺寸大于梁宽，故此有一部分柱纵向钢筋不能伸入梁内，这部分纵筋在顶部的锚固做法，一种就是常说的在柱内自抱也即图中节点④，另一种是当现浇楼板厚度≥100mm 时可以伸入板内，具体做法同图中做法②且伸入板内长度≥15d。另一类做法为梁筋入柱，做法如图⑤。

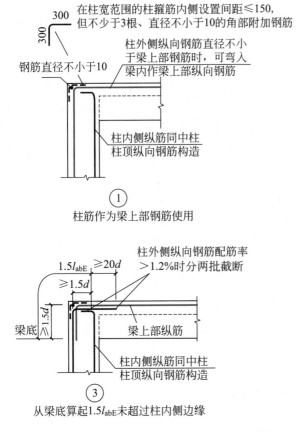

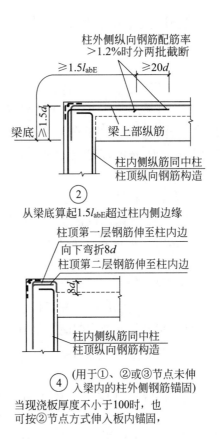

图 3-11

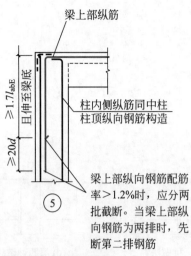

梁上部纵筋

柱内侧纵筋同中柱
柱顶纵向钢筋构造

梁上部纵向钢筋配筋
率>1.2%时,应分两
批截断。当梁上部纵
向钢筋为两排时,先
断第二排钢筋

⑤

梁、柱纵向钢筋搭接接
头沿节点外侧直线布置

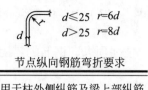

$d \leqslant 25$ $r=6d$
$d > 25$ $r=8d$

节点纵向钢筋弯折要求

用于柱外侧纵筋及梁上部纵筋

注：1.节点①、②、③、④应配合使用，节点④不应
单独使用(仅用于未伸入梁内的柱外侧纵筋锚固)，
伸入梁内的柱外侧纵筋不宜少于柱外侧全部纵筋
面积的65%。可选择②+④或③+④或①+②+④或
①+③+④的做法。

2.节点⑤用于梁、柱纵向钢筋接头沿节点柱顶外
侧直线布置的情况，可与节点①组合使用。

图 3-11 边柱和角柱柱顶纵向钢筋连接构造

注意：图中不论是柱筋入梁做法还是梁筋入柱做法，具体做法与纵筋钢筋用量有关，当柱外侧纵向钢筋配筋率或梁上部纵向钢筋配筋率 >1.2% 时，纵筋均需要分两批截断，两批断点间距 ≥ 20d；相反，当柱外侧纵向钢筋配筋率或梁上部纵向钢筋配筋率 ≤ 1.2% 时，在满足 ≥ $1.5l_{abE}$ 或 ≥ $1.7l_{abE}$ 条件下可以不分批截断，即可以一次截断。具体采用哪种做法，一般由结构工程师确定，施工人员按结构工程师选定做法施工即可。

三、框架柱（KZ）、剪力墙上柱（QZ）、梁上柱（LZ）箍筋加密区范围及圆柱螺旋箍筋构造

（1）除具体工程设计注有全高加密箍筋的柱之外，一至四级抗震等级的柱箍筋加密区范围如图 3-12 所示。图中 H_n 为所在楼层的柱净高。当柱在某楼层各向均无梁且无板连接时，计算箍筋加密区范围采用的 H_n 按该跃层柱的总净高取值；当柱在某楼层单方向无梁且无板连接时，两个方向分别计算箍筋加密区范围，其中无梁方向采用的 H_n 按该方向跃层柱的总净高取值；最终柱箍筋加密区范围取两个方向箍筋加密区长度的大值。

（2）墙上起柱，在墙顶标高以下锚固范围内柱箍筋间距按上柱非加密区箍筋要求配置。

（3）梁上起柱，在梁内设置间距不大于 500mm，且至少两道柱箍筋。

（4）纵筋采用搭接连接时，应在柱纵筋搭接长度范围内均按 ≤ 5d（d 为搭接钢筋较小直径）及 ≤ 100mm 的间距加密箍筋。

（5）柱在刚性地面上下一定范围，柱箍筋同样需要加密，具体加密长度如图 3-13 所示。

（6）柱截面形状为圆形时，箍筋形式为螺旋箍筋或圆形环状箍筋，其构造做法如图 3-14 所示。

（7）封闭箍筋及拉筋弯钩构造如图 3-15 所示。

（8）常用矩形箍筋复合方式如图 3-16 所示。

四、剪力墙上柱（QZ）、梁上柱（LZ）纵向钢筋构造

剪力墙上柱（QZ）有两种做法，一种是柱向下延伸一层，即柱与剪力墙重叠一层；一种是柱锚固于剪

力墙顶部。两种做法柱纵筋的锚固构造如图 3-17 所示。

梁上柱（LZ）纵筋在梁内的锚固做法如图 3-18 所示。

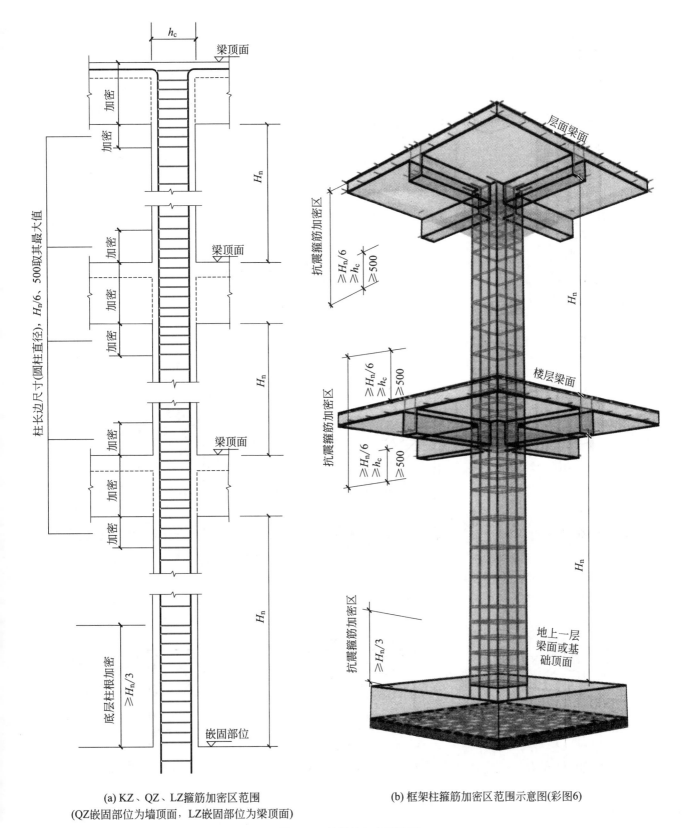

(a) KZ、QZ、LZ箍筋加密区范围
(QZ嵌固部位为墙顶面，LZ嵌固部位为梁顶面)

(b) 框架柱箍筋加密区范围示意图(彩图6)

图 3-12　柱箍筋加密区范围

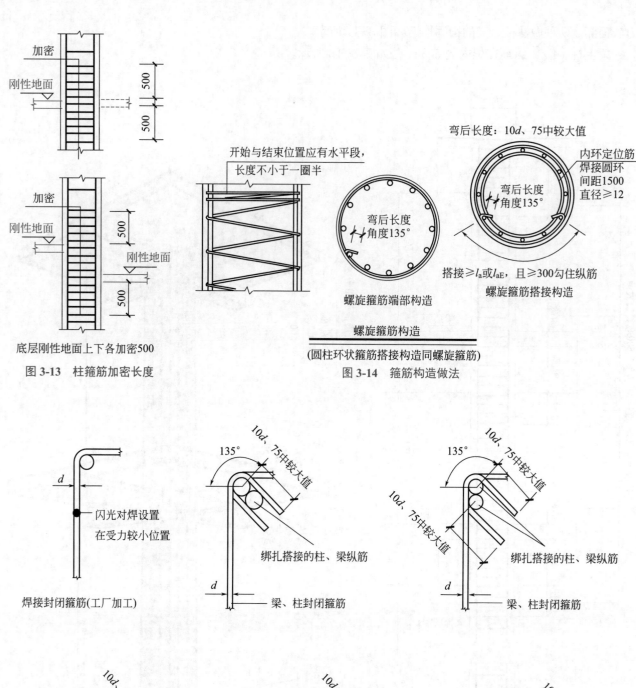

图 3-13　柱箍筋加密长度

底层刚性地面上下各加密500

螺旋箍筋构造
(圆柱环状箍筋搭接构造同螺旋箍筋)

图 3-14　箍筋构造做法

焊接封闭箍筋(工厂加工)

绑扎搭接的柱、梁纵筋

绑扎搭接的柱、梁纵筋

拉筋同时勾住纵筋和箍筋

拉筋紧靠纵向钢筋并勾住箍筋

拉筋紧靠箍筋并勾住纵筋

注：非框架梁以及不考虑地震作用的悬挑梁，箍筋及
拉筋弯钩平直段长度可为5d；当其受扭时，应为10d

图 3-15　封闭箍筋及拉筋弯钩钩造

平法解读与应用　第二版

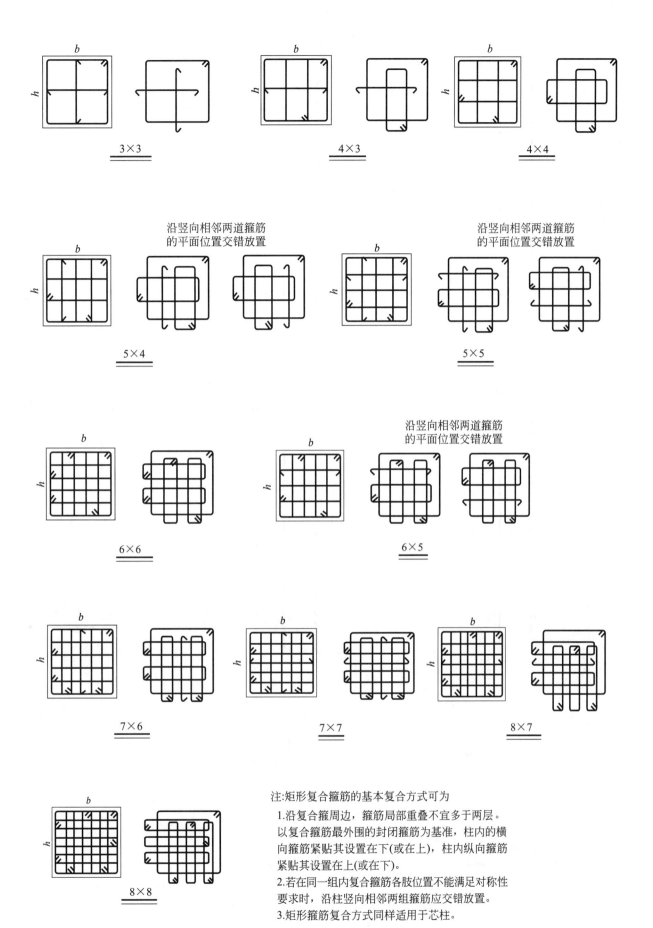

沿竖向相邻两道箍筋
的平面位置交错放置

沿竖向相邻两道箍筋
的平面位置交错放置

沿竖向相邻两道箍筋
的平面位置交错放置

3×3

4×3

4×4

5×4

5×5

6×6

6×5

7×6

7×7

8×7

8×8

注:矩形复合箍筋的基本复合方式可为

1.沿复合箍周边,箍筋局部重叠不宜多于两层。
以复合箍筋最外围的封闭箍筋为基准,柱内的横
向箍筋紧贴其设置在下(或在上),柱内纵向箍筋
紧贴其设置在上(或在下)。

2.若在同一组内复合箍筋各肢位置不能满足对称性
要求时,沿柱竖向相邻两组箍筋应交错放置。

3.矩形箍筋复合方式同样适用于芯柱。

图 3-16 非焊接矩形箍筋复合方式

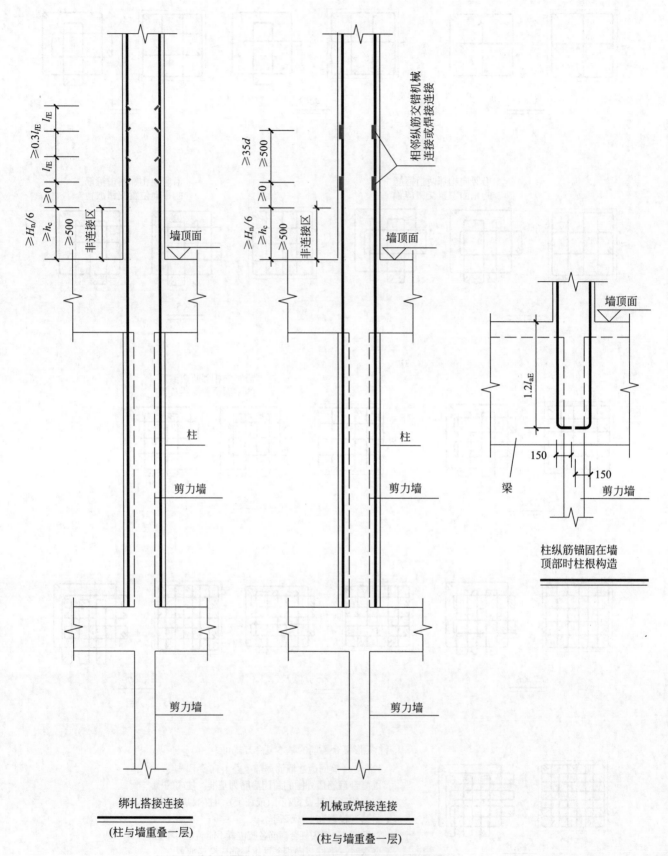

图 3-17 剪力墙上柱（QZ）纵筋锚固构造

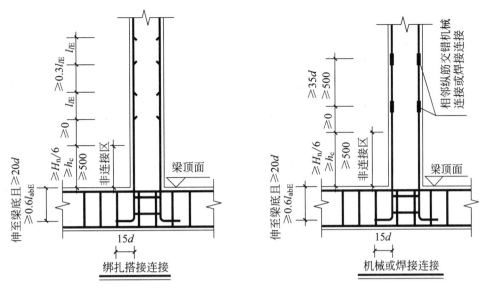

图 3-18　梁上柱（LZ）纵筋在梁内的锚固构造

墙上起柱（柱纵筋锚固在墙顶部时）和梁上起柱时，墙体和梁的平面外方向应设梁，以平衡柱脚在该方向的弯矩；当柱宽度大于梁宽时，梁应设水平加腋。

五、框架柱边柱、角柱柱顶等截面伸出时纵向钢筋构造

由于建筑造型、设备支座等需求，有时框架柱需要伸出屋面，这种情况柱纵向钢筋就不需要再锚入屋面梁或屋面板，可以直接伸出屋面，采用直锚或弯锚，具体锚固方式如图 3-19 所示。出屋面柱（处于室外露天环境）保护层厚度一般较室内柱大，当柱锚固钢筋的保护层厚度不大于 $5d$ 时，锚固钢筋长度范围内应设置横向构造钢筋（箍筋），其直径不应大于 $d/4$（d 为锚固钢筋的最大直径），间距不应大于 $5d$（d 为锚固钢筋的最小直径）且不应大于 100mm。当柱锚固钢筋的保护层厚度大于 $5d$ 时，柱箍筋用量及其他措施详见结构工程师处理结果。

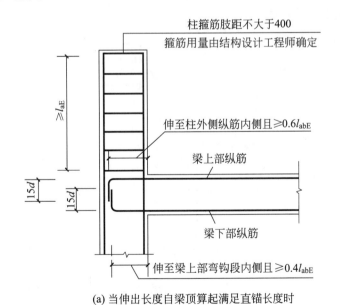

(a) 当伸出长度自梁顶算起满足直锚长度时

图 3-19

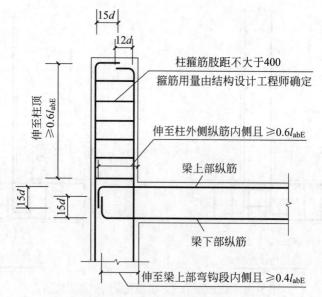

(b) 当伸出长度自梁顶算起不满足直锚长度时

图 3-19　框架柱伸出时纵向钢筋构造

单项能力实训题

1. 柱截面标注方法有几种？
2. 柱平面表示法中列表法与截面表示法有何优缺点？
3. 柱箍筋的形式有几种？
4. 框架柱箍筋加密区如何确定？
5. 柱纵向钢筋直径 >28mm 时不宜采用什么接头？
6. 某工程结构类型为框架结构，其 KZ2 在 -0.080~3.520m 区段，截面注写配筋图如图 3-20 所示，试将 KZ2 在该区段的柱施工图用列表注写方式予以表示。

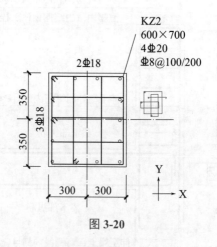

图 3-20

综合能力实训题

1. 将图 3-21 中柱截面表示的内容用列表法表示。

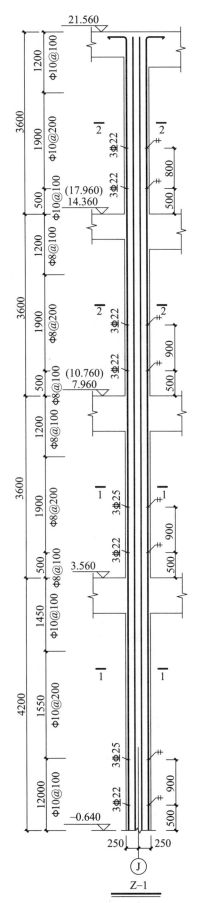

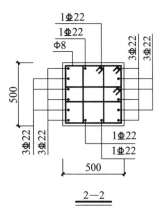

2—2

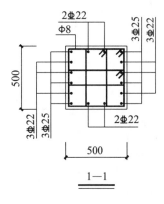

1—1

图 3-21

2. 某多层教学楼，结构类型为框架 剪力墙结构，共有 KZ1~KZ4 四种框架柱，框架柱柱表如图 3-22 所示。试：（1）用截面注写方式表达 KZ2 在 -0.130~5.870m 区段柱施工图。（2）用"正投影表示法"绘制 KZ3 的立面、剖面施工图。

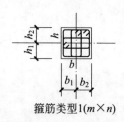

箍筋类型1($m \times n$)

柱表

柱号	标高	$b \times h$ (圆柱直径D/mm)	b_1/mm	b_2/mm	h_1/mm	h_2/mm	全部纵筋	角筋	b边一侧中部筋	h边一侧中部筋	箍筋类型号	箍筋	备注
KZ1	基础顶~ -0.130	700×700	300	400	300	400		4Φ20	4Φ20	4Φ20	1(5×5)	Φ10@100	
	-0.130~5.870	700×700	300	400	300	400		4Φ20	4Φ20	4Φ20	1(5×5)	Φ8@100	
	5.870~11.570	600×600	300	300	300	300		4Φ20	3Φ20	4Φ20	1(4×4)	Φ8@100	
	11.570~17.270	600×600	300	300	300	300	16Φ18				1(4×4)	Φ8@100	
KZ2	基础顶~ -0.130	700×700	300	400	350	350		4Φ20	6Φ20	5Φ20	1(5×5)	Φ10@100	
	-0.130~5.870	700×700	300	400	350	350		4Φ20	6Φ20	5Φ20	1(5×5)	Φ8@100	
	5.870~11.570	600×600	300	300	300	300		4Φ20	6Φ20	5Φ20	1(4×4)	Φ8@100	
	11.570~17.270	600×600	300	300	300	300	16Φ18				1(4×4)	Φ8@100	
KZ3	基础顶~ -0.130	600×600	300	300	300	300		4Φ22	5Φ22	4Φ22	1(4×4)	Φ12@100	
	-0.130~11.570	600×600	300	300	300	300		4Φ22	5Φ22	4Φ22	1(4×4)	Φ8@100/200	
	11.570~17.270	600×600	300	300	300	300		4Φ20	2Φ20	4Φ20	1(4×4)	Φ8@100/200	
KZ4	基础顶~ -0.130	700×700	300	400	400	300		4Φ25	4Φ25	4Φ25	1(5×5)	Φ10@100	
	-0.130~5.870	700×700	300	400	400	300		4Φ25	4Φ25	4Φ25	1(5×5)	Φ8@100	
	5.870~11.570	600×600	300	300	300	300		4Φ25	4Φ25	4Φ25	1(4×4)	Φ8@100	
	11.570~17.270	600×600	300	300	300	300		4Φ20	3Φ20	3Φ20	1(4×4)	Φ8@100	

图 3-22

平法解读与应用　第二版

04

第四章

钢筋混凝土剪力墙施工图平面表示法解读

学习目标

　　本章以平面表示法图集为载体，综合运用建筑力学、建筑结构、建筑构造、施工技术、施工质量和安全管理、施工验收规范等知识，在理解结构平面施工图构成和作用的基础上，掌握剪力墙平法施工图。

能力目标

　　通过本章的学习，能够熟读剪力墙平法施工图，能正确理解约束边缘构件和构造边缘构件，并能准确掌握剪力墙中相关构造问题。

素质目标

　　通过对剪力墙墙身与剪力墙边缘构件之间关系的认知，剪力墙"平法"表达需注意问题的学习，培养学生具备工程技术人员认真、踏实肯干的工作作风，为祖国建造安全可靠人民放心的房屋而努力奋斗的精神。

第一节 ▶ 剪力墙的组成及编号

　　剪力墙也叫抗震墙，由剪力墙墙身、剪力墙墙柱、剪力墙墙梁三大部分组成。例如：一字形剪力墙，其墙身、墙柱和墙梁具体构成如图 4-1 所示。

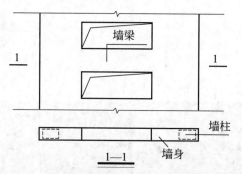

图 4-1　一字形剪力墙墙身、墙柱和墙梁具体构成

一、剪力墙墙柱

剪力墙墙柱的作用是约束剪力墙墙身，剪力墙墙柱通常也叫剪力墙的边缘构件。根据《建筑抗震设计规范》及《高层建筑混凝土结构技术规程》的规定，剪力墙端部及洞口两侧均要设置边缘构件，剪力墙边缘构件可分为两种：一种是约束边缘构件，另一种是构造边缘构件。边缘构件是剪力墙中很重要的部分，是保证剪力墙延性和耗能能力的一种结构措施，试验表明，有边缘构件约束的矩形截面剪力墙与无边缘构件约束的矩形截面剪力墙相比，极限承载力约提高 40%，极限位移角约增加一倍，对地震能量的消耗能力增大约 20%，且有利于剪力墙的稳定。剪力墙约束边缘构件形式如图 4-2 所示，约束边缘构件沿墙肢长度（l_c）的取值要求及其他注意事项见表 4-1，约束边缘构件钢筋用量由计算确定；剪力墙构造边缘构件形式如图 4-3 所示，构造边缘构件的截面尺寸取值要求如图 4-3 所示，钢筋用量由构造确定，如表 4-2 所示。

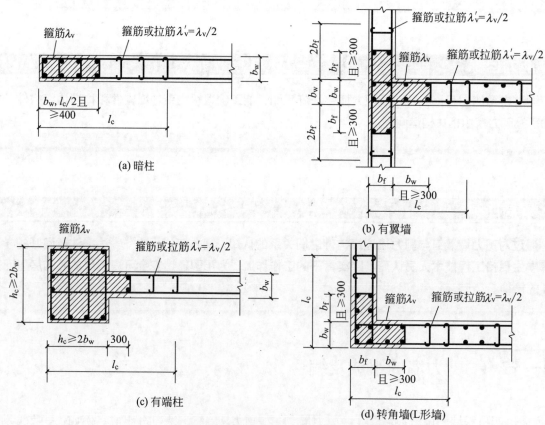

图 4-2　剪力墙约束边缘构件形式

表 4-1 约束边缘构件沿墙肢的长度 l_c 及其配箍特征值 λ_v

项目	一级（9度）		一级（6、7、8度）		二、三级	
	$\mu_N \leq 0.2$	$\mu_N > 0.2$	$\mu_N \leq 0.3$	$\mu_N > 0.3$	$\mu_N \leq 0.4$	$\mu_N > 0.4$
l_c（暗柱）	$0.20h_w$	$0.25h_w$	$0.15h_w$	$0.20h_w$	$0.15h_w$	$0.20h_w$
l_c（翼墙或端柱）	$0.15h_w$	$0.20h_w$	$0.10h_w$	$0.15h_w$	$0.10h_w$	$0.15h_w$
λ_v	0.12	0.20	0.12	0.20	0.12	0.20

注：1. μ_N 为墙肢在重力荷载代表值作用下的轴压比，h_w 为剪力墙墙肢的长度。

2. 剪力墙的翼墙长度小于翼墙厚度的 3 倍或端柱截面边长小于 2 倍墙厚时，按无翼墙、无端柱查表。

3. l_c 为约束边缘构件沿墙肢的长度，对暗柱不应小于墙厚和 400mm 的较大值；有端柱或翼墙时，不应小于翼墙厚度或端柱沿墙肢方向截面高度加 300mm。

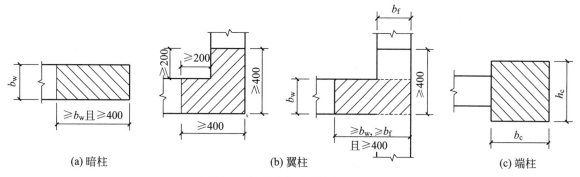

(a) 暗柱　　　　　　　　　　(b) 翼柱　　　　　　　　　　(c) 端柱

图 4-3 剪力墙构造边缘构件形式

表 4-2 剪力墙构造边缘构件的配筋要求

抗震等级	底部加强部位			其他部位		
	竖向钢筋最小量（取较大值）	箍筋		竖向钢筋最小量（取较大值）	拉筋	
		最小直径/mm	沿竖向最大间距/mm		最小直径/mm	沿竖向最大间距/mm
一级	$0.010A_c$, 6Φ16	8	100	$0.008A_c$, 6Φ14	8	150
二级	$0.008A_c$, 6Φ14	8	150	$0.006A_c$, 6Φ12	8	200
三级	$0.006A_c$, 6Φ12	6	150	$0.005A_c$, 4Φ12	6	200
四级	$0.005A_c$, 4Φ12	6	200	$0.004A_c$, 4Φ12	6	250

注：1. A_c 为构造边缘构件的截面面积，即图 4-3 剪力墙截面的阴影面积。

2. 其他部位的转角处宜用箍筋。

剪力墙墙柱编号由墙柱类型代号和序号组成，具体详见表 4-3。其中表 4-3 是 16G101-1 采用的编号形式，表 4-4 是从 03G101-1 到 11G101-1 采用的编号形式，目前在建筑结构施工图中，仍在使用。

表 4-3 剪力墙墙柱编号（用于 16G101-1）

墙柱类型	代号	序号
约束边缘构件	YBZ	××
构造边缘构件	GBZ	××
非边缘暗柱	AZ	××
扶壁柱	FBZ	××

表 4-4　剪力墙墙柱常用编号（16G101-1 以外仍采用的编号形式）

墙柱类型	代号	墙柱类型	代号
约束边缘暗柱	YAZ	构造边缘暗柱	GAZ
约束边缘端柱	YDZ	构造边缘翼墙（柱）	GYZ
约束边缘翼墙（柱）	YYZ	构造边缘转角墙（柱）	GJZ
约束边缘转角墙（柱）	YJZ	非边缘暗柱	AZ
构造边缘端柱	GDZ	扶壁柱	FBZ

二、剪力墙墙身

剪力墙墙身即为剪力墙的墙体部分，剪力墙墙身编号由剪力墙墙身代号、序号及剪力墙水平或竖向分布钢筋排数组成，具体代号形式为 Q××（×排）。其中括号中数值表示水平与竖向分布筋的排数，排数为两排时可以不注。

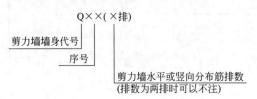

三、剪力墙墙梁

剪力墙墙梁是剪力墙中一个受力复杂的构件，常见墙梁有连梁、暗梁、边框梁三种。其中连梁又包括无对角暗撑及无交叉钢筋连梁、有对角暗撑连梁、有交叉斜筋连梁及有集中对角斜筋连梁四种类型，其配筋方式如图 4-4 所示。

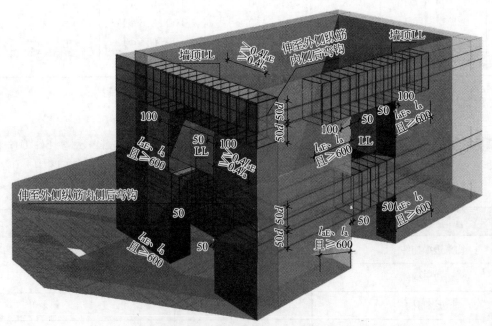

(a) 无对角暗撑及无交叉钢筋连梁配筋示意图(彩图7)

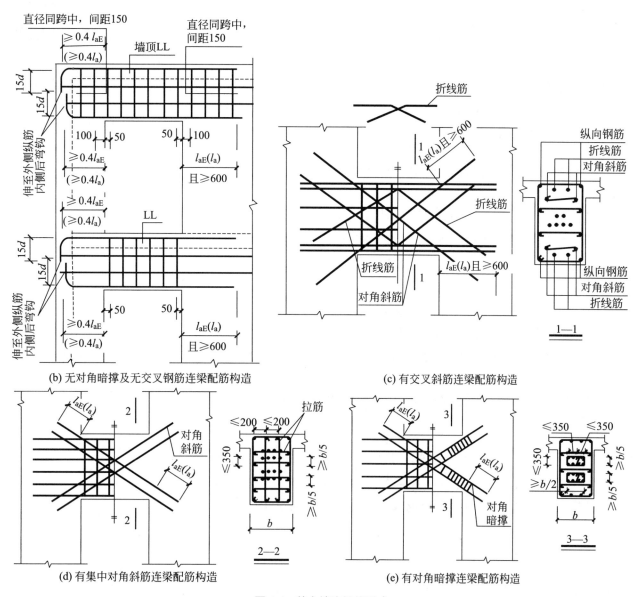

图 4-4　剪力墙连梁的形式

剪力墙墙梁编号由剪力墙墙梁类型、代号和序号组成，墙梁常用编号详见表 4-5。

表 4-5　墙梁编号

墙梁类型	代号	序号
连梁	LL	××
连梁（对角暗撑配筋）	LL（JC）	××
连梁（交叉斜筋配筋）	LL（JX）	××
连梁（集中对角斜筋配筋）	LL（DX）	××
连梁（跨高比不小于5）	LLK	××
暗梁	AL	××
边框梁	BKL	××

注：表中跨高比不小于5的连梁，代号为LLK，用于连梁按框架梁设计的情况。

第四章　钢筋混凝土剪力墙施工图平面表示法解读

二维码 4-2

第二节 ▶ 剪力墙的平面表示法

剪力墙平法施工图表达方式同样是在剪力墙平面布置图上,采用列表注写或截面注写方式具体表达。

一、列表注写方式

剪力墙列表注写方式,在剪力墙平面布置图上标注剪力墙墙柱、墙身、墙梁编号及其定位尺寸,如图 4-5 所示,列出剪力墙墙柱表、剪力墙墙身表和剪力墙墙梁表。墙柱表用绘制截面配筋图并注写几何尺寸与配筋等具体数值的方式表达,剪力墙墙身及墙梁则用表格的形式列出编号、几何尺寸及配筋等内容。在剪力墙平法施工图中,还要注明各结构层的楼面标高、结构层高及相应的结构层号。

1. 编号规定

将剪力墙墙柱(墙柱)、剪力墙墙身(墙身)、剪力墙墙梁(墙梁)三类构件分别编号。

(1)剪力墙墙柱编号由剪力墙墙柱类型代号和序号组成(编号见表 4-3、表 4-4)。

(2)剪力墙墙身编号由墙身代号和序号组成,表达形式为 Q××(×排),其中括号中排数为两排时可不注。

(3)剪力墙墙梁编号由墙梁类型代号和序号组成(编号见表 4-5)。

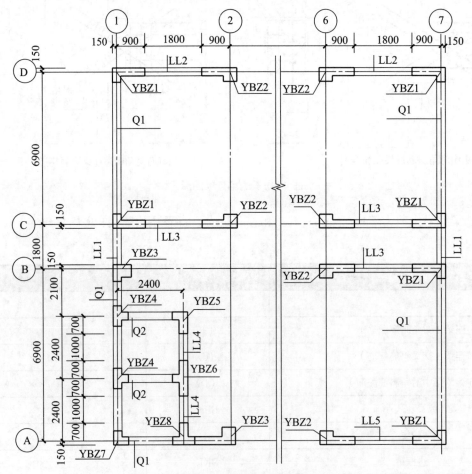

图 4-5 4.470～8.670m 剪力墙平法施工图

2. 剪力墙墙柱表中表达的内容

（1）注写墙柱编号（见表4-3、表4-4）和绘制墙柱的截面配筋图，标注几何尺寸。

（2）注写各段墙柱的起止标高，自墙柱根部往上以变截面位置或截面未变但配筋改变处为界分段注写。墙柱根部标高一般指基础顶面标高（部分框支剪力墙结构则为框支梁顶面标高）。

（3）注写各段墙柱的纵向钢筋和箍筋，注写值与在表中绘制的截面配筋图对应一致。纵向钢筋注总配筋值，墙柱箍筋的注写方式与柱箍筋相同。

3. 剪力墙墙身表中表达的内容

（1）注写墙身编号（含水平与竖向分布钢筋的排数）。

（2）注写各段墙身起止标高，自墙身根部往上以变截面位置或截面未变但配筋改变处为界分段注写，注写规定与墙柱相同。墙身根部标高一般指基础顶面标高（部分框支剪力墙结构则为框支梁的顶面标高）。

（3）水平分布钢筋、竖向分布钢筋和拉结筋的具体数值。注写数值为一排水平分布钢筋和竖向分布钢筋的规格与间距，具体设置几排已经在墙身编号后面表达。拉结筋应注明布置方式是"矩形"布置还是"梅花"布置，用于剪力墙分布钢筋的拉结。

4. 剪力墙墙梁表中表达的内容

（1）注写墙梁编号（见表4-5）。

（2）注写墙梁所在楼层号。

（3）注写墙梁顶面标高高差，它是指相对于墙梁所在结构层楼面标高的高差值。高于者为正值，低于者为负值，当无高差时不注。

（4）注写墙梁截面尺寸 $b \times h$、上部纵筋、下部纵筋和箍筋的具体数值。

例如：某工程结构形式为剪力墙结构，4.470～8.670m 标高段剪力墙施工图，采用列表注写方式。如图4-5所示，首先对剪力墙墙柱（墙柱）、剪力墙墙身（墙身）、剪力墙墙梁（墙梁）做构件编号、定位；然后给出剪力墙柱表，如图4-6所示；再列出剪力墙墙身表（表4-6）及剪力墙墙梁表（表4-7）。

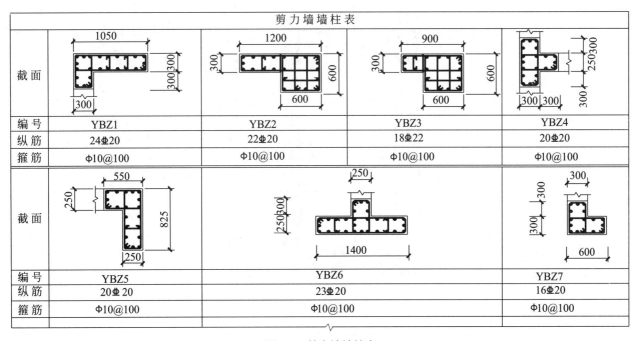

图4-6　剪力墙墙柱表

表 4-6　剪力墙墙身表

编号	墙厚 /mm	水平分布筋	垂直分布筋	拉筋（双向）
Q1	300	Φ12@200	Φ12@200	Φ6@600@600
Q2	250	Φ10@200	Φ10@200	Φ6@600@600

表 4-7　剪力墙墙梁表

编号	梁截面 $b×h$/mm	上部纵筋	下部纵筋	箍筋
LL1	300×2000	4 Φ22	4 Φ22	Φ10@100（2）
LL2	300×2520	4 Φ22	4 Φ22	Φ10@150（2）
LL3	300×2070	4 Φ22	4 Φ22	Φ10@100（2）
LL4	250×2070	3 Φ20	3 Φ20	Φ10@120（2）

二、截面注写方式

截面注写方式是在剪力墙平面布置图上，在同一编号的构件中，选择一个截面并将其用适当比例放大绘制截面尺寸及配筋的方法。具体做法为：按照表 4-3 ~ 表 4-5 编号后，直接注写墙柱、墙身、墙梁的截面尺寸，配筋具体数值并加注几何尺寸，结合层高表的方式来表达剪力墙平法施工图。

例如：图 4-7 为某工程剪力墙施工图（局部）剪力墙墙柱、墙身、墙梁的截面注写方式，图 4-8 为其相应的结构层标高表。图 4-9 为洞口截面注写方式。

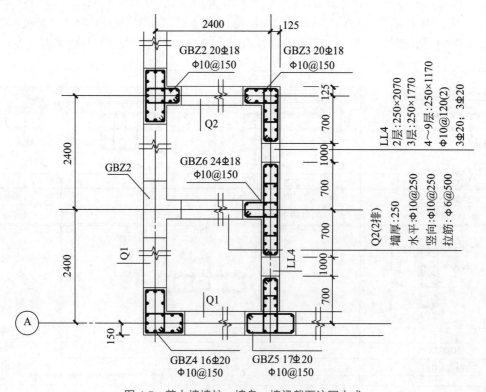

图 4-7　剪力墙墙柱、墙身、墙梁截面注写方式

层号	标高/m	层高/m
屋面2	65.670	
塔层2	62.370	3.30
屋面1 (塔层1)	59.070	3.30
16	55.470	3.60
15	51.870	3.60
14	48.270	3.60
13	44.670	3.60
12	41.070	3.60
11	37.470	3.60
10	33.870	3.60
9	30.270	3.60
8	26.670	3.60
7	23.070	3.60
6	19.470	3.60
5	15.870	3.60
4	12.270	3.60
3	8.670	3.60
2	4.470	4.20
1	-0.030	4.50
-1	-4.530	4.50
-2	-9.030	4.50

图 4-8　剪力墙结构层标高表

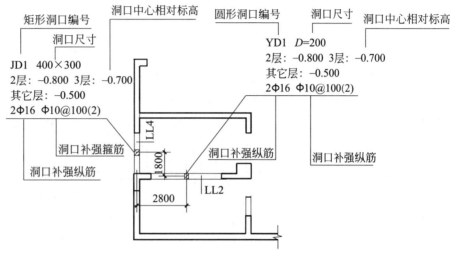

图 4-9　剪力墙洞口截面注写方式

三、剪力墙洞口的表示方法

剪力墙上的洞口一般在剪力墙平面布置图上原位表达。

具体表达方式为：

（1）在剪力墙平面布置图上绘制洞口示意，并标注洞口中心的平面定位尺寸。

（2）在洞口中心位置引注：洞口编号、洞口尺寸、洞口中心相对标高及洞口每边补强钢筋，共四项内容，如图 4-9 所示。

具体规定为：

（1）洞口编号：矩形洞口为 JD××（×× 为序号），圆形洞口为 YD××（×× 为序号）。

（2）洞口几何尺寸：矩形洞口为洞宽 × 洞高（$b \times h$），圆形洞口为洞口直径 D。

（3）洞口中心相对标高：系相对于结构层楼（地）面标高的洞口中心高度。当其高于结构层楼面时为正值，低于结构层楼面时为负值。

（4）洞口每边补强钢筋：

a. 当矩形洞口的洞宽、洞高均不大于 800mm 时，注写洞口每边补强钢筋，构造做法如图 4-10 所示；如果按标准图集构造设置洞口补强钢筋时，可不注写；当洞宽、洞高方向补强钢筋不一致时，分别注写洞宽方向、洞高方向补强钢筋，以"/"分隔。

例如 1：JD1　400×300　+2.100　3Φ14　表示 1 号矩形洞口，洞宽 400mm、洞高 300mm，洞口中心距本结构层楼面 2100mm，洞口每边补强钢筋为 3Φ14。

例如 2：JD2 400×300 +2.100 表示 2 号矩形洞口，洞宽 400mm、洞高 300mm，洞口中心距本结构层楼面 2100mm，洞口每边补强钢筋按标准图集构造设置。

例如 3：JD3 600×300 +2.100 3Φ18/3Φ14 表示 3 号矩形洞口，洞宽 600mm、洞高 300mm，洞口中心距本结构层楼面 2100mm，洞宽方向补强钢筋为 3Φ18，洞高方向补强钢筋为 3Φ14。

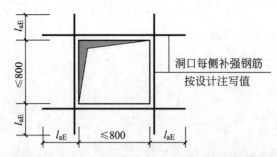

图 4-10 矩形洞口尺寸不大于 800 时洞口补强钢筋构造

b. 当矩形洞口的洞口宽度或圆形洞口的直径大于 800mm 时，在洞口上、下设置加强暗梁，构造做法如图 4-11 所示，平面表示法需注写洞口上、下暗梁的纵筋及箍筋用量，暗梁尺寸图集默认为：梁宽（剪力墙墙厚）×400，该尺寸可以不注写，若暗梁尺寸与此不同时，结构施工图会具体标明，按结构施工图注写尺寸执行。当为圆形洞口时，尚需注明环向加强筋的具体用量，构造做法如图 4-12 所示。

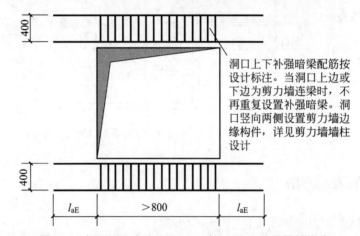

图 4-11 矩形洞口宽度大于 800 时洞口上下补强钢筋构造

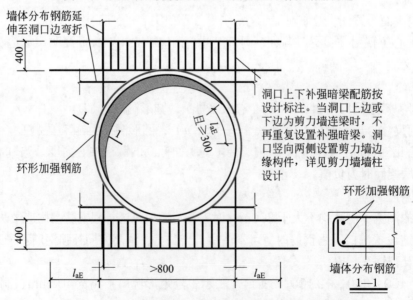

图 4-12 圆形洞口直径大于 800 时洞口上下补强钢筋构造

例如 4：JD4　1000×900　+1.400　6Φ20　Φ8@150，表示 4 号矩形洞口，洞宽 1000mm、洞高 900mm，洞口中心距本结构层楼面 1400mm，洞口上、下设置补强暗梁，由于未标注暗梁截面尺寸，说明暗梁为默认尺寸，暗梁尺寸为：梁宽（剪力墙墙厚）×400，暗梁上下分别配置 6Φ20 纵筋、Φ8@150 双肢箍筋。

例如 5：YD5　1000　+1.800　6Φ20　Φ8@150　2Φ16，表示 5 号圆形洞口，直径 1000mm，洞口中心距本结构层楼面 1800mm，洞口上、下设置补强暗梁，由于未标注暗梁截面尺寸，说明暗梁为默认尺寸，暗梁宽为剪力墙墙厚，高为 400mm；暗梁上下分别配置 6Φ20 纵筋、Φ8@150 双肢箍筋及 2Φ16 的环向加强筋。

c. 当圆形洞口设置在连梁中部 1/3 范围，且圆形洞口的直径不大于连梁高度的 1/3 及 300mm 时，需注写圆洞上下水平设置的每边补强纵筋与箍筋，构造做法如图 4-13 所示。

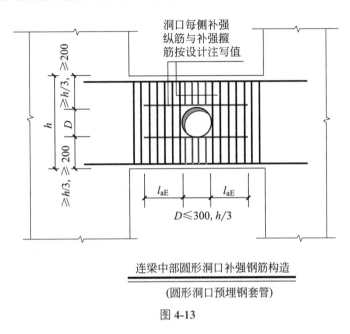

连梁中部圆形洞口补强钢筋构造

（圆形洞口预埋钢套管）

图 4-13

当圆形洞口设置在墙身或暗梁、边框梁位置且圆形洞口的直径不大于 300mm 时，需注写洞口上下左右每边布置的补强纵筋的具体数值，构造做法如图 4-14 所示。

当圆形洞口的直径大于 300mm 但小于 800mm 时，需注写洞口上下左右每边布置的补强纵筋的具体数值以及环向加强钢筋的具体数值，构造做法如图 4-15 所示。

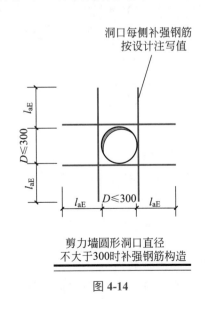

剪力墙圆形洞口直径
不大于 300 时补强钢筋构造

图 4-14

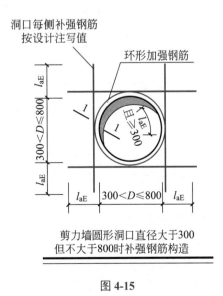

剪力墙圆形洞口直径大于 300
但不大于 800 时补强钢筋构造

图 4-15

例如 6：YD6 600 +1.800 2Φ20 2Φ16，表示 6 号圆形洞口，直径 600mm，洞口中心距本结构层楼面 1800mm，洞口上下左右每边配置 2Φ20 加强纵筋及 2Φ16 的环向加强筋。

第三节 ▶ 剪力墙平面表示法注意事项

正确阅读理解剪力墙平法施工图，是确保剪力墙按要求正确施工的前提，以下就剪力墙施工图中常见问题阐述如下。

（1）剪力墙中的竖向分布钢筋和水平分布钢筋与墙中暗梁侧向钢筋关系如何？它们之间的位置关系如何？怎么摆放？剪力墙中的竖向分布钢筋从暗梁内穿过后，是否需要增加一个保护层的厚度？

当剪力墙中水平分布钢筋用量满足连梁、暗梁及边框梁侧向钢筋用量要求时，墙身水平分布钢筋兼顾梁侧钢筋，连梁、暗梁及边框梁侧向钢筋用量不用标注；当剪力墙中水平分布钢筋用量不满足连梁、暗梁及边框梁侧向钢筋用量要求时，施工图会将连梁、暗梁及边框梁侧向钢筋用量具体注明；若为跨高比不小于 5 的连梁，平面注写时该钢筋前部还会是 "N" 打头，表明该梁侧钢筋在支座内的锚固要求与连梁中受力钢筋的锚固要求是相同的。

通常情况下剪力墙中的水平分布钢筋位于外侧，而竖向分布钢筋位于水平分布钢筋的内侧。

暗梁的宽度与剪力墙的厚度相同时，钢筋的摆放层次（由外层到内侧如图 4-16 所示）：

① 剪力墙中的水平分布钢筋在最外侧（第一层），在暗梁高度范围内也应布置剪力墙的水平分布钢筋。

② 剪力墙中的竖向分布钢筋及暗梁中的箍筋，应在水平分布钢筋的内侧（第二层），在水平方向错开放置，不应重叠放置。

③ 暗梁中的纵向钢筋位于剪力墙中竖向分布钢筋和暗梁箍筋的内侧（第三层）。

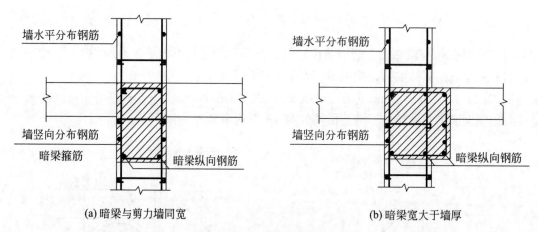

(a) 暗梁与剪力墙同宽　　　　　(b) 暗梁宽大于墙厚

图 4-16　墙中钢筋与暗梁的关系

如图 4-16（a）所示暗梁，一般不需要增加混凝土保护层厚度。图 4-16（b）所示暗梁，梁宽大于剪力墙墙厚时，其作用更接近于剪力墙边框梁，保护层厚度要按梁执行，也即与墙平齐一侧梁保护层厚度要加大。

（2）剪力墙端部设有暗柱时，剪力墙水平分布钢筋在暗柱中的位置如何摆放？水平分布钢筋是否要在暗柱中满足锚固长度的要求？

剪力墙的水平分布钢筋与暗柱的箍筋在同一层面上，暗柱的纵向钢筋和墙中的竖向分布钢筋在同一层面上，在水平分布钢筋的内侧。由于暗柱中的箍筋较密，墙中的水平分布钢筋可以伸入暗柱远端紧贴角筋内侧水平弯折（10d）后截断。需要注意的要点有以下三条：

①墙水平分布钢筋在暗柱内不需要满足锚固长度要求，只需满足剪力墙与暗柱的连接构造要求。

②墙水平分布钢筋伸至暗柱远端纵向钢筋的内侧作水平弯折段。

③剪力墙与翼墙柱连接时，弯折后的水平长度为15d；剪力墙与端部暗柱连接时，弯折后的水平长度取10d（图4-17）。

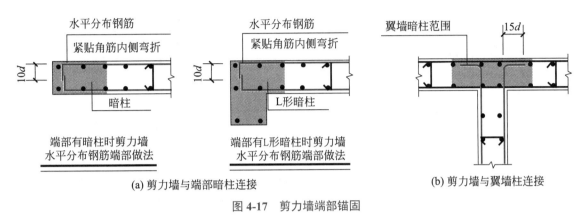

(a) 剪力墙与端部暗柱连接　　　　　　　　(b) 剪力墙与翼墙柱连接

图4-17　剪力墙端部锚固

（3）剪力墙中的竖向分布钢筋在顶层楼板处遇到暗梁或边框梁时，是否可以锚固在暗梁或边框梁内？锚固长度应从哪里开始计算？

根据《建筑抗震设计规范》规定，对于框架-剪力墙结构，有端柱时，剪力墙在楼盖处应设置暗梁，因此在框架-剪力墙结构中，在楼层和顶层处均设置边框梁或暗梁。剪力墙竖向分布钢筋穿入楼层边框梁，锚固在顶层边框梁内。由于暗梁是剪力墙的一部分，应符合下列要求：

①剪力墙中的竖向分布钢筋在顶层处，应穿过暗梁或边框梁伸入顶层楼板内并满足锚固要求。

②剪力墙中的竖向分布钢筋伸入顶层楼板内的连接长度，应从顶层楼板的板底算起，而不是从暗梁梁底算起。

③竖向分布钢筋伸入顶层楼板的上部后，再水平弯折（图4-18、图4-19）。

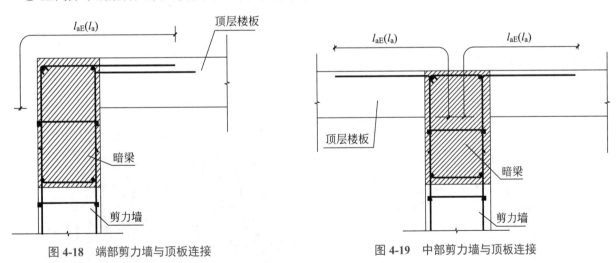

图4-18　端部剪力墙与顶板连接　　　　　　　图4-19　中部剪力墙与顶板连接

（4）剪力墙第一根竖向分布钢筋距边缘构件的距离如何确定？水平分布钢筋距结构地面的距离应为多少？

在剪力墙的端部或洞口边都设有边缘构件（约束边缘构件或构造边缘构件），当边缘构件是暗柱或翼墙柱时，它们是剪力墙的一部分，不能作为单独构件来考虑。剪力墙中第一根竖向分布钢筋的设置位置应根据间距整体安排后，将排布后的最小间距放在靠边缘构件处（图4-20）。有端柱的剪力墙，竖向分布钢筋按设计间距摆放后，第一根钢筋距端柱的距离不大于100mm（图4-21）。

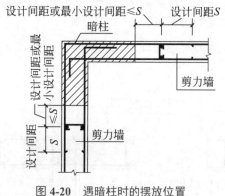

图4-20 遇暗柱时的摆放位置

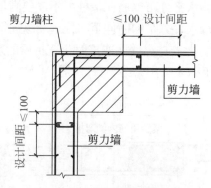

图4-21 遇端柱时的摆放位置

剪力墙的水平分布钢筋应按设计要求的间距排布，整体排布后第一根水平分布钢筋距楼板上、下结构面，基础顶面的距离不大于100mm；也可以从基础顶面开始连续排布水平分布钢筋。注意楼板上部钢筋（负筋）位置处宜布置剪力墙内水平分布钢筋，不可省掉，以确保楼板负筋的位置正确。

（5）剪力墙外侧水平分布钢筋为何不可以在转角处搭接，而要在暗柱以外的位置进行搭接？

在剪力墙的端部和转角处一般都设有端柱或暗柱，暗柱箍筋间距（暗柱的箍筋间距为一级不大于100mm、二、三级不应大于150mm，四级不应大于200mm）比一般柱更小。

当剪力墙厚度较薄时，剪力墙的外侧水平分布钢筋在转角处搭接，暗柱处的钢筋会更密，导致钢筋之间的混凝土量太少，混凝土不能给钢筋足够的"握裹力"，"握裹力"的不足会使两种材料不能良好地共同受力，致使该处承载能力下降，影响建筑结构的整体安全；虽然外侧的水平分布钢筋在暗柱以外搭接会给施工增加一定的难度，但是不会影响建筑结构的整体安全。

当剪力墙较厚时，剪力墙的水平分布钢筋可在转角处搭接。剪力墙的外侧水平分布钢筋当墙较薄时宜避开阳角处，在暗柱以外的位置搭接，上、下层应错开搭接，水平间隔不小于500mm。正交剪力墙内侧水平分布钢筋应伸至暗柱的远端，在暗柱的纵向钢筋内侧做水平弯折，弯折后的水平段要满足不小于15d（图4-22）。非正交剪力墙外侧水平分布钢筋的搭接位置同正交剪力墙，内侧的水平分布钢筋应伸至剪力墙的远端，在墙竖向钢筋的内侧水平弯折，使总长度满足锚固长度l_{aE}（l_a）的要求（图4-23）。

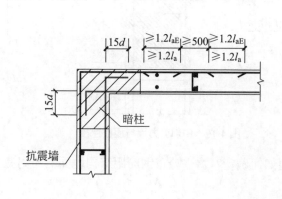

(a) 剪力墙外侧水平分布筋在暗柱外连接构造

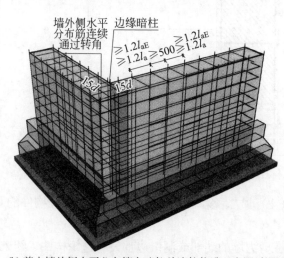

(b) 剪力墙外侧水平分布筋在暗柱外连接构造示意图(彩图8)

图4-22 正交剪力墙水平分布钢筋连接

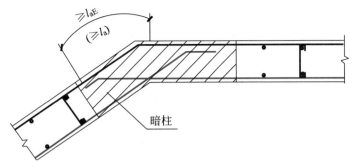

图 4-23　非正交剪力墙水平分布钢筋连接

单项能力实训题

1. 某剪力墙端柱 600mm×600mm，截面注写法中标注为 12Φ22、Φ10@100/200，如图 4-24 所示，请解释其表达的内容。

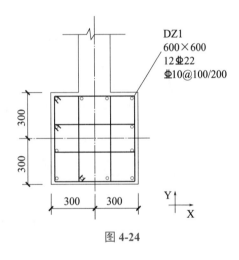

图 4-24

2. 某剪力墙墙身传统配筋图如图 4-25 所示，试将该图表示成平面表示法中列表注写方式及截面注写方式。

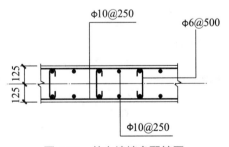

图 4-25　剪力墙墙身配筋图

3. 某剪力墙连梁传统配筋图如图 4-26 所示，试将该图表示成平面表示法中列表注写方式及截面注写方式。

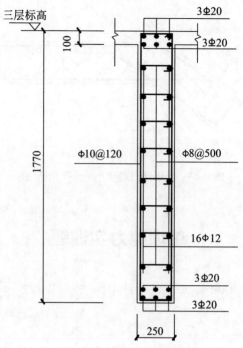

图 4-26　剪力墙连梁配筋图

4.如图 4-27 所示为某工程二～四层剪力墙约束边缘构件两墙柱 YBZ-5 及 YBZ-6 的大样图表。试：
（1）将 YBZ-5 纵筋详细标注于图上。（2）绘出 YBZ-6 箍筋及拉筋新的布置图。

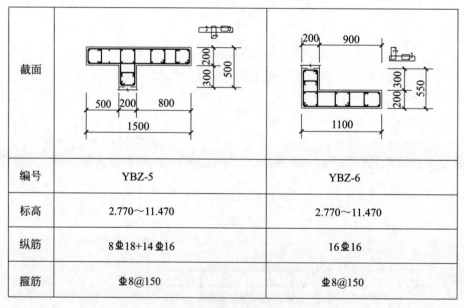

截面		
编号	YBZ-5	YBZ-6
标高	2.770～11.470	2.770～11.470
纵筋	8Φ18+14Φ16	16Φ16
箍筋	Φ8@150	Φ8@150

图 4-27

综合能力实训题

试将图 4-28 的表示方法，表达成传统配筋的形式。

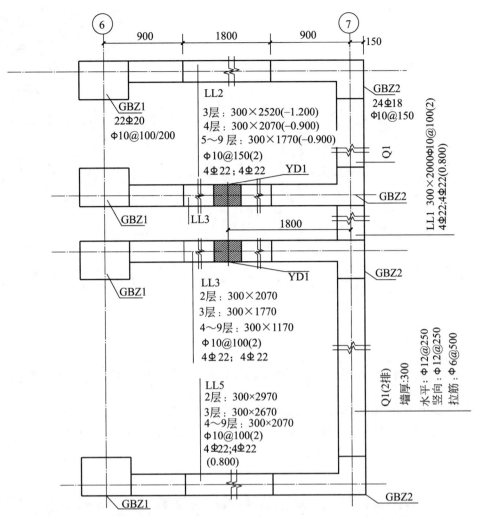

图 4-28 剪力墙配筋

05

第五章

钢筋混凝土基础施工图平面表示法解读

学习目标

本章以平面表示法图集为载体，综合运用建筑力学、建筑结构、建筑构造、施工技术、施工质量和安全管理、施工验收规范等知识，在理解结构施工图的构成和作用的基础上，掌握基础平法施工图的识读。

能力目标

通过本章的学习，能够熟读基础平法配筋图，能正确理解基础板、梁中钢筋的配筋方式，并能准确掌握基础中相关构造问题。

素质目标

通过对"平法"表达的各类基础的学习，引导学生理论联系实际，识读基础时兼顾上部结构，提高发现问题、解决问题的能力；使学生具备一定的工程师素养；具备创新意识，认识到终身学习的重要性。

第一节 ▶ 独立基础的平面表示法

一、独立基础的制图规则及平面表示

二维码 5-1

独立基础平法施工图，有平面注写与截面注写两种表达方式，结构设计工程师会根据具体工程情况选择一种或两种方式相结合进行独立基础的施工图设计。

阅读独立基础平法施工图时，首先看独立基础平面布置图，在独立基础平面布置图上会标注基础定位

尺寸、基础类型编号等。独立基础常用编号如表 5-1 所示。当独立基础的柱中心线或杯口中心线与建筑轴线不重合时，需注意施工图中标注的基础与轴线间的偏心尺寸。具体规则为：对编号相同、定位尺寸相同的基础，可仅选择一个进行标注；当独立基础设有基础连系梁时，可根据图面的疏密情况，将基础连系梁与基础平面布置图一起绘制，或将基础连系梁布置图单独绘制。

独立基础编号方式如表 5-1 所示。

表 5-1 独立基础编号

类型	基础底板截面形状	代号	序号
普通独立基础	阶形	DJ_J	××
	坡形	DJ_P	××
杯口独立基础	阶形	BJ_J	××
	坡形	BJ_P	××

注：1. 单阶截面即为平板独立基础。
2. 坡形截面基础底板可为四坡、双坡及单坡。

二、独立基础的平面注写

独立基础的平面注写方式分为集中标注和原位标注两部分内容，具体表达规则、内容以下分别表述。

（一）独立基础的集中标注

独立基础的集中标注系在基础平面图上集中引注基础编号、截面竖向尺寸、配筋三项必注内容，以及基础底面标高（与基础底面基准标高不同时）和必要的文字注解两项选注内容，见示意图 5-1。

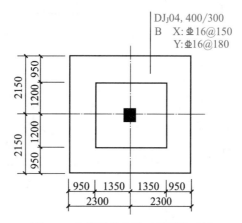

图 5-1 阶梯形独立基础平面注写图

独立基础集中标注的具体内容，规定如下。

1. 注写独立基础编号（必注内容，见表 5-1）

普通独立基础用代号 DJ 表示，杯口独立基础用 BJ 表示。
独立基础底板的截面形状通常有两种，分别为阶梯形和坡形，用下脚标区别。
① 阶梯形截面编号加下标"J"，如 DJ_J××，BJ_J××；
② 坡形截面编号加下标"P"，如 DJ_P××，BJ_P××。

2. 注写独立基础截面竖向尺寸（必注内容）

（1）普通独立基础竖向尺寸由下而上注写，各阶尺寸线用"/"分开，注写为 $h_1/h_2/\cdots$。具体表达：

① 当基础为阶形截面时，独立基础由下而上各阶梯高度分别为 h_1、h_2、$\cdots$，基础总高度为各阶高度之和，如图 5-2 所示。

例如：图 5-1 所标注的竖向尺寸为 400/300，表示该独立基础由两阶构成，最下一阶高度为 400mm，上阶高度为 300mm，基础底板总厚度为 700mm。

当基础为单阶时，其竖向尺寸则为一个，即基础总高度，如图 5-3 所示。

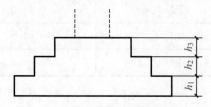
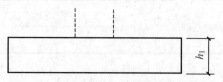

图 5-2　阶梯形独立基础竖向尺寸　　　　　图 5-3　单阶普通独立基础竖向尺寸

② 当基础为坡形截面时，注写为 $h_1/h_2/\cdots$，如图 5-4 所示。

（2）杯形独立基础竖向尺寸。

杯形独立基础竖向尺寸分两组标注，一组表达杯口内，另一组表达杯口外，两组尺寸以"，"分隔，注写为 a_0/a_1，$h_1/h_2/\cdots$，其含义见示意图 5-5 ～图 5-7，其中杯口深度 a_0 为柱插入杯口的尺寸加 50mm。

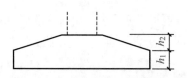
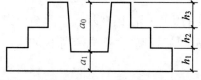

图 5-4　坡形普通独立基础竖向尺寸　　　　图 5-5　阶形截面杯口独立基础竖向尺寸

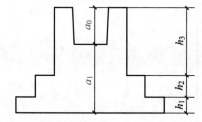
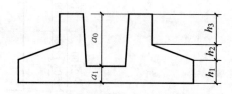

图 5-6　阶形截面高杯口独立基础竖向尺寸　　　图 5-7　坡形截面杯口独立基础竖向尺寸

3. 独立基础配筋（必注内容）

（1）独立基础底板配筋。

配筋以 B 代表各种独立基础底板的底部配筋。X 向配筋以 X 打头、Y 向配筋以 Y 打头注写；当两方向配筋相同时，则以 X&Y 打头注写。当圆形独立基础采用双向正交配筋时，以 X&Y 打头注写；当采用放射状配筋时以 Rs 打头，先注写径向受力钢筋（间距以径向排列钢筋的最外端度量），并在"/"后注写环向配筋。

例如图 5-1 所示独立基础，底板配筋 X 向钢筋用量为 Φ16@150，Y 向钢筋用量为 Φ16@180。

（2）杯口独立基础顶部焊接钢筋网。

杯口独立基础顶部焊接钢筋网以 Sn 打头引注，标注钢筋为杯口独立基础顶部焊接钢筋网每边的用量。例如图 5-8 所示为杯口顶部每边配置 2Φ14 的钢筋。

（3）高杯口独立基础的短柱配筋及杯口独立基础杯壁配筋。

具体规定：以O代表短柱（杯口独立基础杯壁）配筋；短柱配筋或杯口独立基础杯壁配筋包括纵筋及箍筋。注写为：角筋/长边中部筋/短边中部筋，箍筋直径、间距（两种间距，短柱杯口壁内箍筋间距/短柱其他部位箍筋间距）。当短柱或杯口独立基础杯壁为方形时，则注写为：角筋/x边中部筋/y边中部筋，箍筋直径、间距（两种间距，短柱杯口壁内箍筋间距/短柱其他部位箍筋间距），如图5-9所示。

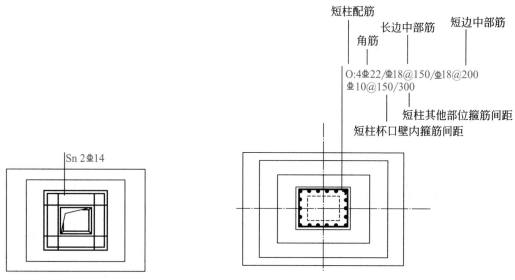

图 5-8　杯口独立基础顶部焊接钢筋网配筋示意　　　　图 5-9　高杯口独立基础杯壁配筋示意

（4）普通独立基础带短柱时短柱配筋。

具体规定：以DZ代表短柱；短柱配筋包括纵筋及箍筋。注写为：角筋/长边中部筋/短边中部筋，箍筋直径、间距。当短柱为方形时，则注写为：角筋/x边中部筋/y边中部筋，箍筋直径、间距，如图5-10所示。

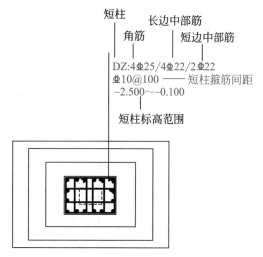

图 5-10　普通独立基础短柱配筋示意

4. 注写基础底面标高（选注内容）

当独立基础的底面标高与基础底面基准标高不同时，应将独立基础底面标高直接注写在"（　）"内。

5. 必要的文字注解（选注内容）

当独立基础的设计有特殊要求时，宜增加必要的文字注解。例如，基础底板配筋长度是否采用减短方式等，可在该项内注明。

（二）独立基础的原位标注

独立基础的原位标注，是指在基础平面布置图上标注独立基础的平面尺寸。对相同编号的基础，可选择一个进行原位标注，当平面图形较小时，可将所选定进行原位标注的基础按双比例适当放大，其他相同编号者仅注写编号。

原位标注以 x、y、x_c、y_c（或圆柱直径 d_c），x_i、y_i（i=1，2，3，…）来代表。其中，x、y 为普通独立基础两向边长，x_c、y_c 为柱截面尺寸，x_i、y_i 为阶宽或坡形平面尺寸，如图 5-11 ～图 5-13 所示。

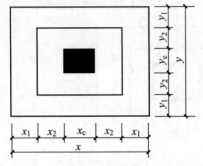

图 5-11　阶形截面普通独立基础原位标注

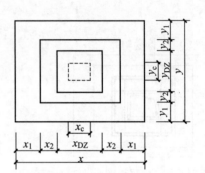

图 5-12　带短柱独立基础原位标注

独立基础原位标注通常与集中标注相结合，在基础平面图中综合表达基础尺寸、配筋、定位等信息，图 5-1 就是常采用的综合表达方式；如若带短柱或杯口，综合表达方式如图 5-14、图 5-15 所示。

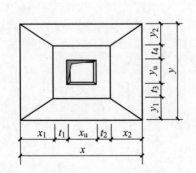

图 5-13　坡形截面杯口独立基础原位标注

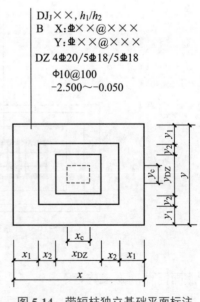

图 5-14　带短柱独立基础平面标注
（原位标注、集中标注相结合）示意

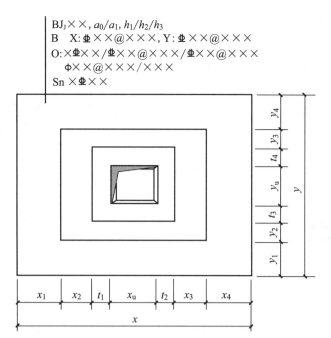

$BJ_J \times \times, a_0/a_1, h_1/h_2/h_3$
B X: $\Phi \times \times @ \times \times \times$, Y: $\Phi \times \times @ \times \times \times$
O: $\times \Phi \times \times / \Phi \times \times @ \times \times \times / \Phi \times \times @ \times \times \times$
    $\phi \times \times @ \times \times \times / \times \times \times$
Sn $\times \Phi \times \times$

图 5-15　带杯口独立基础平面标注（原位标注、集中标注相结合）示意

三、独立基础的截面注写

独立基础的截面注写方式，又可分为截面标注和列表注写（结合截面示意图）两种表达方式。

采用截面注写方式，应在基础平面布置图上对所有基础进行编号，见表 5-1。

对单个基础进行截面标注的内容和形式，与传统的表达方式相同。

对多个同类基础，可采用列表注写（结合截面示意图）的方式进行集中表达。表中内容为基础截面的几何数据和配筋等，在截面示意图上应标注与表中栏目相对应的代号。列表的具体内容规定见表 5-2。

表 5-2　普通独立基础几何尺寸和配筋表

基础编号 / 截面号	截面几何尺寸				底部配筋（B）	
	x、y	x_c、y_c	x_i、y_i	h_1/h_2	X 向	Y 向

注：表可根据实际情况增加栏目。例如，当基础底面标高与基础底面基准标高不同时加注相对标高高差；再如，当为双柱独立基础时，加注基础顶部配筋或基础梁几何尺寸和配筋等。

四、独立基础底板配筋构造

1. 单柱独立基础底板配筋构造

如图 5-16 所示。

注意：1. 独立基础底板配筋构造适用于普通独立基础和杯口独立基础。

2. 几何尺寸和配筋按具体结构设计和构造规定。

3. 独立基础底板双向交叉钢筋长向设置在下，短向设置在上。

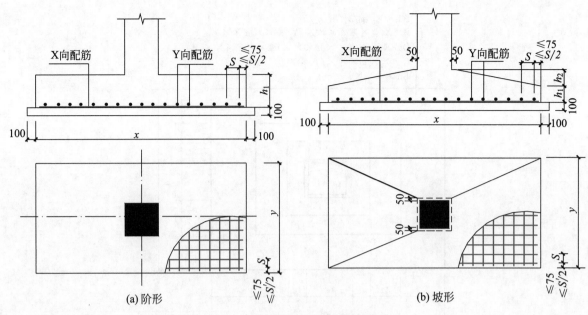

图 5-16 单柱独立基础底板配筋构造

2. 双柱普通独立基础底板配筋构造

如图 5-17 所示。

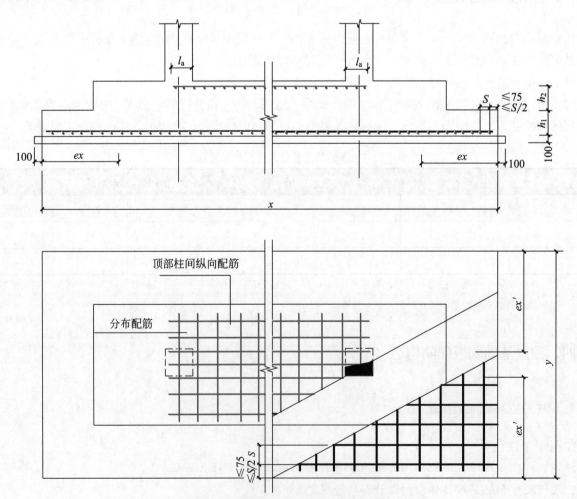

图 5-17 双柱普通独立基础底板配筋构造

注意：1. 双柱普通独立基础底板的截面形状，可为阶形截面 DJ_j 或坡形截面 DJ_p。

2. 几何尺寸和配筋按具体结构设计和构造规定。

3. 双柱普通独立基础底部双向交叉钢筋，根据基础两个方向从柱外缘至基础外缘的延伸长度 ex 和 ex' 的大小，较大者方向的钢筋设置在下，较小者方向的钢筋设置在上。

3. 对称独立基础底板配筋长度减短 10% 构造

如图 5-18 所示。

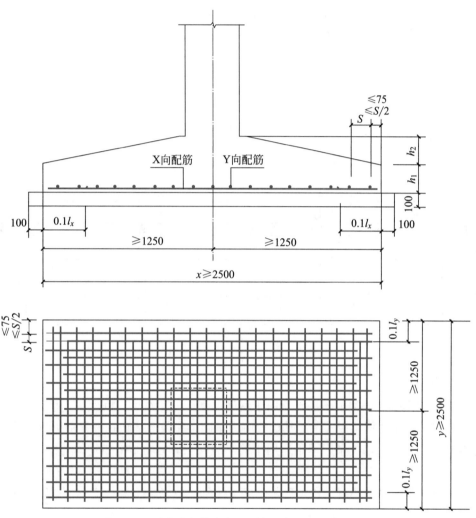

图 5-18　对称独立基础底板配筋长度减短 10% 构造

注意：当独立基础底板长度 ≥ 2500mm 时，除外侧钢筋外，底板配筋长度可减短 10% 配置。

第二节 ▶ 条形基础的平面表示法

一、条形基础的制图规则及平面表示

二维码 5-2

图 5-19 为柱下条形基础 JL 和 TJB_p 的局部平面布置图。条形基础平法施工图，有平面注写与截面注

写两种表达方式，设计者会根据具体工程情况选择一种或将两种方式相结合进行条形基础的施工图设计，如图 5-20 所示即为条形基础梁的平面注写方式。当基础梁中心或板式条形基础板中心与建筑定位轴线不重合时，会标注其偏心尺寸，对于编号相同的条形基础，则选择一个进行标注。

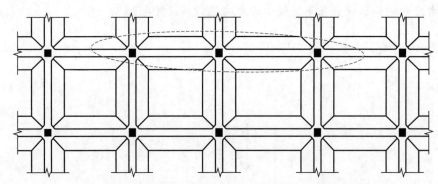

图 5-19 柱下条形基础 JL 和 TJB$_p$ 局部平面布置图示意

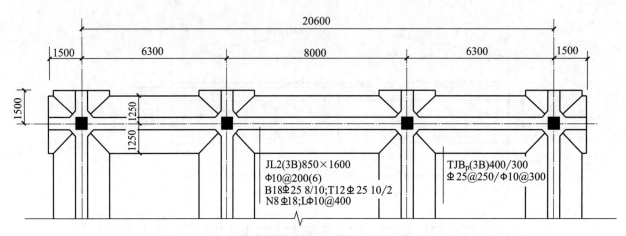

图 5-20 条形基础梁的平面注写方式

条形基础整体上分为两类：

一类是梁板式条形基础。该类条形基础适用于钢筋混凝土框架结构、框架剪力墙结构、部分框支剪力墙结构和钢结构。平法施工图将梁板式条形基础分解为基础梁和条形基础底板分别进行表达。

另一类是板式条形基础。该类条形基础适用于钢筋混凝土剪力墙结构和砌体结构。平法施工图仅表达条形基础底板。

条形基础编号分为条形基础梁编号和条形基础底板编号，按表 5-3 和表 5-4 的规定进行。

表 5-3 条形基础梁编号

类型	代号	序号	跨数及有无外伸
基础梁	JL	××	（××）端部无外伸 （××A）一端有外伸 （××B）两端有外伸

表 5-4 条形基础底板编号

类型	基础底板截面形状	代号	序号	跨数及有无外伸
条形基础底板	坡形	TJB$_p$	××	（××）端部无外伸 （××A）一端有外伸 （××B）两端有外伸
	阶形	TJB$_J$	××	

二、条形基础的平面注写

条形基础平面注写，主要分两大块。一块是条形基础梁的平面注写，一块是条形基础底板的平面注写。

（一）条形基础梁的平面注写方式

条形基础梁（JL）的平面注写方式，分集中标注和原位标注两部分内容。当集中标注的某项数值不适用于基础梁的某部位时，则将该项数值采用原位标注，施工时原位标注优先。

1. 条形基础梁平面注写方式的集中标注

基础梁的集中标注内容：基础梁编号、截面尺寸、配筋三项必注内容，以及基础梁底面标高（当与基础底面基准标高不同时）和必要的文字注解两项选注内容。

（1）注写基础梁编号（必注内容），见表5-3。

（2）注写基础梁截面尺寸（必注内容）。注写 $b \times h$，b 表示梁截面宽度，h 表示梁截面高度。当为竖向加腋梁时，用 $b \times h \, Y c_1 \times c_2$ 表示，其中 c_1 为腋长，c_2 为腋高。

（3）注写基础梁配筋（必注内容）。注写基础梁底部、顶部及侧面纵向钢筋：基础梁底部钢筋以 B 打头，注写梁底部贯通纵筋（不应少于梁底部受力钢筋总截面面积的 1/3）。当跨中所注根数少于箍筋肢数时，需要在跨中增设梁底部架立筋以固定箍筋，采用"+"将贯通纵筋与架立筋相联，架立筋注写在加号后面的括号内。

基础梁顶部钢筋，以 T 打头注写梁顶部贯通纵筋。注写时用";"将底部贯通纵筋与顶部贯通纵筋隔开。

当梁底部或顶部贯通纵筋多于一排时，用"/"将各排纵筋自上而下分开。

以大写字母 G 打头注写梁两侧对称设置的构造钢筋的总配筋值（当梁腹板高度 h_w 不小于 450mm 时，根据需要配置），以大写字母 N 打头注写梁两侧对称设置的受扭钢筋的总配筋值。当梁侧钢筋为构造钢筋时，其搭接与锚固长度是 15d；当梁侧钢筋为受扭钢筋时，其搭接长度为 l_l，锚固长度为 l_a。

如图 5-21 所示编号为 JL11 的条形基础梁配筋，截面尺寸为梁宽 1200mm，梁高 1800mm，无加腋，是两端悬挑的单跨等截面梁。基础梁底部钢筋用量为 17Φ25，但外伸部位钢筋用量是原位标注的钢筋用量，分别为 19Φ25 2/17（上排 2 根，下排 17 根）及 30Φ25 13/17（上排 13 根，下排 17 根）；上部钢筋用量为 10Φ25；受扭钢筋的用量为 4Φ22；拉结筋用量为 Φ8@400。

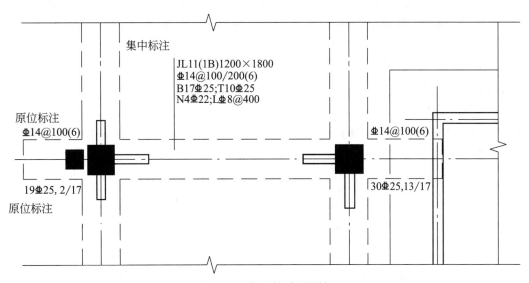

图 5-21　条形基础梁配筋

注写基础梁箍筋： 当具体设计仅采用一种箍筋间距时，只注写钢筋级别、直径、间距及肢数（箍筋肢数写在括号内）；当具体设计仅采用两种箍筋时，用"/"分隔不同箍筋，按照从基础梁两端向跨中的顺序注写，先注写第1段箍筋（在前面加注箍筋道数），在斜线后注写第2段箍筋（不再加注箍筋道数）。

例如：9Φ16@100/Φ16@150（6），表示配置两种HRB400级箍筋，直径为Φ16，从梁两端起向跨内按间距100mm设置9道，梁其余部位的间距为150mm，均为6肢箍。如图5-21所示编号为JL11的条形基础梁，梁箍筋用量为两种，第一种为Φ14@100（6），用于外伸段及基础梁两端加密区；两端加密区长度结构工程师会在施工图中具体给出，其他区域箍筋用量为第二种Φ14@200（6），两种箍筋肢数均为6肢箍。

施工注意事项：两向基础梁相交的柱下区域，应有一向截面较高的基础梁按梁端箍筋贯通设置，当两向基础梁截面高度相同时，任选一向基础梁箍筋贯通设置。

（4）注写基础梁底面标高（选注内容）。当条形基础的底面标高与基础底面基准标高不同时，将条形基础底面标高注写在"（ ）"内。

（5）必要的文字注解（选注内容）。当基础梁的设计有特殊要求时，宜增加必要的文字注解。

2. 条形基础梁平面注写方式的原位标注

当集中标注的内容对条形基础梁的某些部位不适合时，该部位的具体做法则用原位标注来表示。如图5-21中悬挑部分，下部纵筋用量不再是17Φ25而是19Φ25；箍筋用量则是全悬挑段均用Φ14@100（6）。集中标注与原位标注同时存在时，原位标注优先使用。

（二）条形基础底板的平面注写方式

条形基础底板TJB$_p$（基础底板截面形状为坡形）、TJB$_j$（基础底板截面形状为阶形）的平面注写方式，分集中标注和原位标注两部分内容。

1. 条形基础底板平面注写方式的集中标注

条形基础底板的集中标注内容为：条形基础底板编号、截面竖向尺寸、配筋三项必注内容，以及条形基础底板底面标高（与基础底面基准标高不同时）、必要的文字注解两项选注内容。素混凝土条形基础底板的集中标注，除无底板配筋内容外，其形式、内容与钢筋混凝土条形基础底板相同。

（1）注写条形基础底板编号（必注内容），见表5-4。

（2）注写条形基础底板截面竖向尺寸（必注内容）。

当条形基础底板为坡形截面时，如图5-22（a）注写为h_1/h_2，例如图5-20所示条形基础底板为坡形截面，h_1为400mm，h_2为300mm。

当条形基础底板为阶形截面时，见图5-22（b）。图5-22（b）为单阶，当为多阶时各阶尺寸自下而上以"/"分隔顺写。

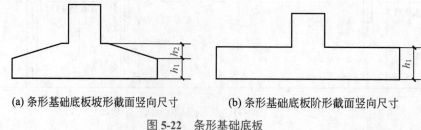

(a) 条形基础底板坡形截面竖向尺寸　　　　(b) 条形基础底板阶形截面竖向尺寸

图5-22　条形基础底板

（3）注写条形基础底板底部及顶部配筋（必注内容）。

以 B 打头，注写条形基础底板底部的横向受力钢筋；以 T 打头，注写条形基础底板顶部的横向受力钢筋；注写时，用"/"分隔条形基础底板的横向受力钢筋与纵向分布配筋。

图 5-23 为常见柱下条形基础底板配筋，由于底板相当于悬挑板，悬挑方向即如图所示横向，故设置横向受力钢筋，用量为 Φ14@150；纵向钢筋则为分布钢筋，位于横向受力筋之上，用量为 Φ8@250。

当为双梁条形基础时，除在底板配置钢筋外，一般尚需在两梁之间的底板顶部配置钢筋，如图 5-24 所示双梁条形基础，在底板顶部配置横向受力钢筋，用量为 Φ14@200；分布钢筋用量为 Φ8@250，顶部分布钢筋则位于横向受力钢筋之下。

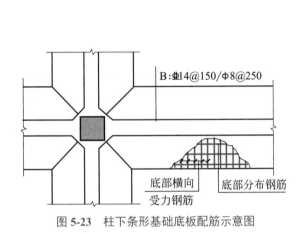

图 5-23 柱下条形基础底板配筋示意图   图 5-24 双梁条形基础底板配筋示意图

2. 条形基础底板平面注写方式的原位标注

当在条形基础底板上集中标注的某项内容，如底板截面竖向尺寸、底板配筋、底板底面标高等，不适用于条形基础底板的某跨或某外伸部分时，可将其修正内容标注在该跨或该外伸部位，施工时原位标注取值优先。

三、条形基础的截面注写

条形基础的截面注写方式，可分为截面标注和列表注写（结合截面示意图）两种表达方式。

采用截面标注的内容和形式，与传统的"单构件正投影表示方法"基本相同。首先绘制基础平面布置图，在基础平面布置图上标出剖切位置、剖切编号，然后给出相应截面图，截面图形式见示意图 5-25；条形基础截面注写方式，常用于条形基础种类较少的情况，对多个条形基础可采用列表注写（结合截面示意图）的方式进行表达，列表注写方式同样需要绘制基础平面布置图，在基础平面布置图上，给出条形基础编号、定位尺寸等内容，然后配以表格来表示条形基础截面几何尺寸及配筋。与表格配套的还有截面示意图，示意图上标注的尺寸等内容与表中栏目相对应代号一致。常用表格形式见表 5-5、表 5-6。

表 5-5　条形基础梁几何尺寸和配筋表

基础梁编号/截面号	截面几何尺寸		配筋	
	$b \times h$	加腋 $c_1 \times c_2$	底部贯通纵筋＋非贯通纵筋，顶部贯通纵筋	第一种箍筋/第二种箍筋

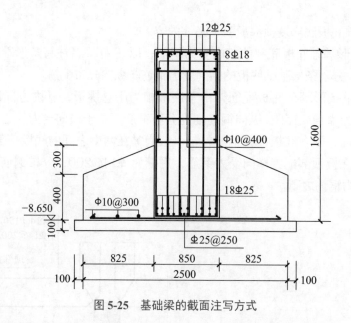

图 5-25　基础梁的截面注写方式

表 5-6　条形基础底板几何尺寸和配筋表

基础底板编号／截面号	截面几何尺寸			底部配筋（B）	
	b	b_i	h_1/h_2	横向受力钢筋	纵向构造钢筋

注：表可根据实际情况增加栏目，如增加上部配筋、基础底板底面标高（与基础底板板面基准标高不一致时）等。

四、基础梁纵向钢筋与箍筋构造

1. 基础梁纵向钢筋与箍筋构造

见图 5-26。

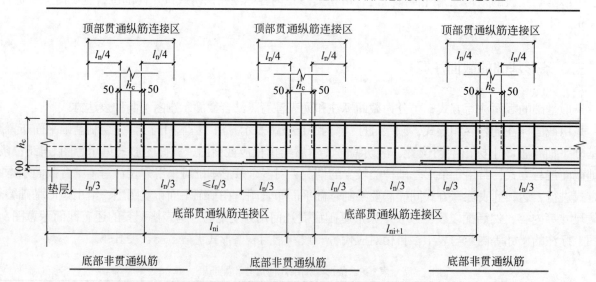

图 5-26　基础梁纵向钢筋与箍筋构造

阅读图 5-26 应注意：

（1）图中 l_n 为相邻两跨的较大值；

（2）下部非通长筋伸入跨内的长度为 $l_n/3$（l_n 为支座两侧最大跨的净跨度值）；

（3）节点区内的箍筋按梁端箍筋设置；

（4）梁端第一个箍筋距支座边的距离为 50mm；

（5）当纵筋采用搭接，在搭接区域内的箍筋间距取 $5d$、100mm 的最小值，其中 d 为纵筋的最小直径；

（6）不同配置的底部通长筋，应在两相邻跨中配置较小一跨的跨中连接区域连接；

（7）当底部筋多于两排时，从第三排起非通长筋伸入跨内的长度由设计注明。

2.基础梁端部构造

见图 5-27 ～图 5-29。

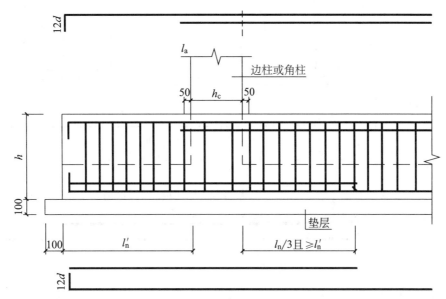

图 5-27　端部等截面外伸构造

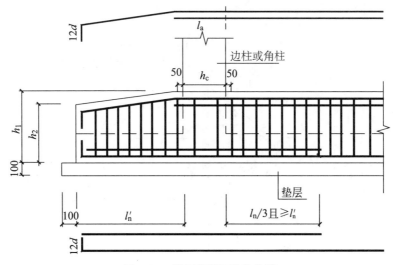

图 5-28　端部变截面外伸构造

113

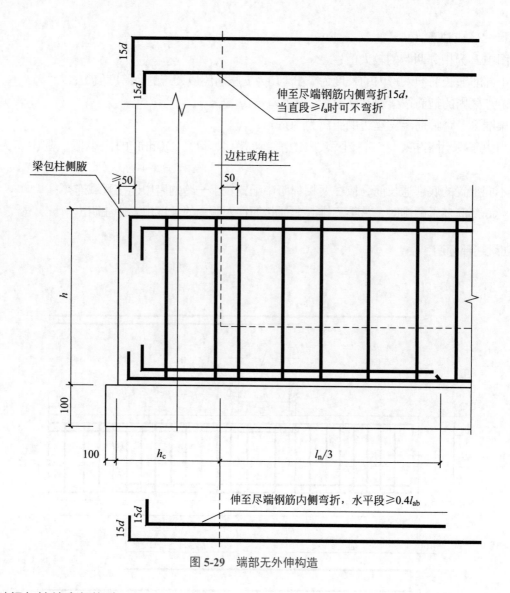

图 5-29　端部无外伸构造

3. 基础梁与柱结合部构造

见图 5-30 ～图 5-32。

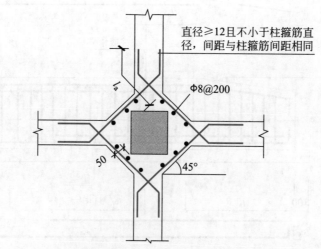

图 5-30　十字交叉基础梁与柱结合部侧腋构造（宽出尺寸与配筋均相同）

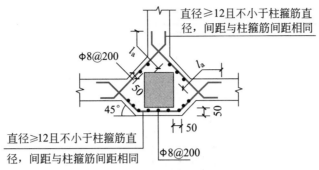

图 5-31 丁字交叉基础梁与柱结合部侧腋（各边侧腋）构造（各边侧腋宽出尺寸与配筋均相同）

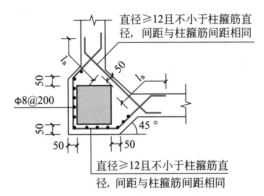

图 5-32 无外伸基础梁与角柱结合部侧腋构造

4. 基础梁梁底不平钢筋构造

见图 5-33～图 5-35。

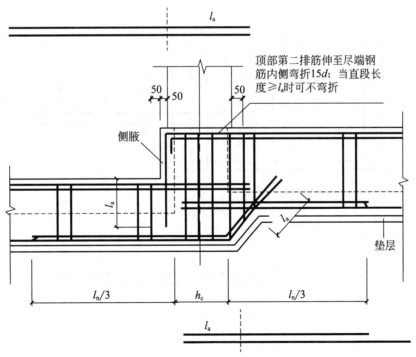

图 5-33 梁顶、梁底均有高差钢筋构造（一）

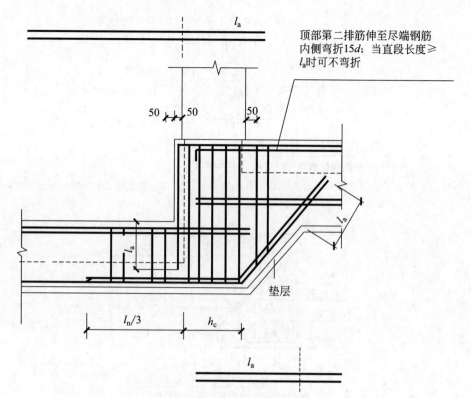

顶部第二排筋伸至尽端钢筋内侧弯折15d；当直段长度≥l_a时可不弯折

垫层

$l_n/3$ h_c

图 5-34 梁顶、梁底均有高差钢筋构造（二）

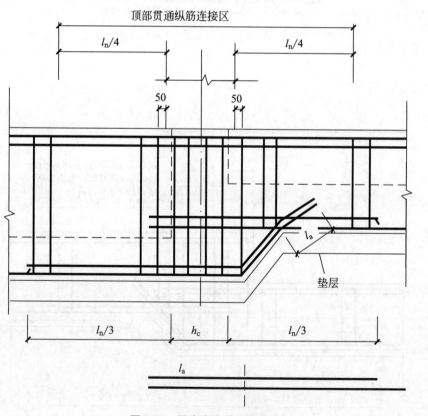

顶部贯通纵筋连接区

$l_n/4$ $l_n/4$

垫层

$l_n/3$ h_c $l_n/3$

图 5-35 梁底有高差钢筋构造

5. 基础梁配置多种箍筋构造

见图 5-36。

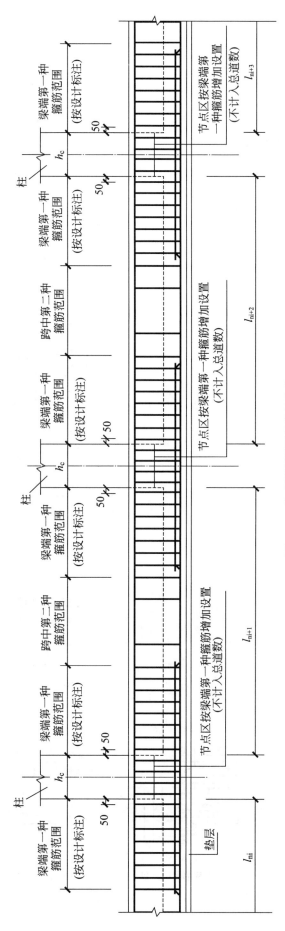

图 5-36　基础梁配置两种箍筋构造

6. 基础梁附加箍筋、吊筋构造

见图 5-37、图 5-38。

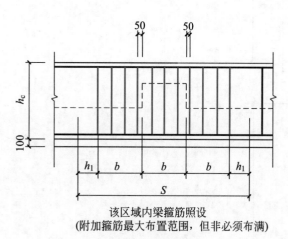

图 5-37 附加箍筋构造

该区域内梁箍筋照设
(附加箍筋最大布置范围，但非必须布满)

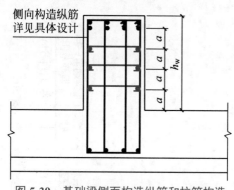

吊筋范围内(包括交叉梁宽内)的基础梁箍筋照设

注：1. 吊筋高度应根据基础梁高度推算。
2. 吊筋顶部平直段与基础梁顶部纵筋净距应满足规范要求，当空间不足时应置于下一排。

图 5-38 附加（反扣）吊筋构造

7. 基础梁侧面构造纵筋和拉筋构造

见图 5-39。

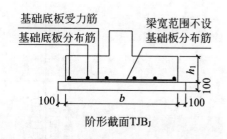

侧向构造纵筋详见具体设计

图 5-39 基础梁侧面构造纵筋和拉筋构造
（$a \leqslant 200$）

8. 条形基础底板钢筋构造

见图 5-40。

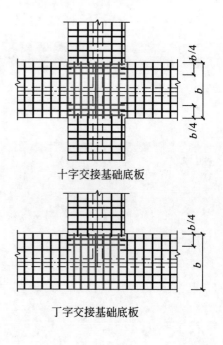

十字交接基础底板

丁字交接基础底板

转交梁板端部无纵向延伸

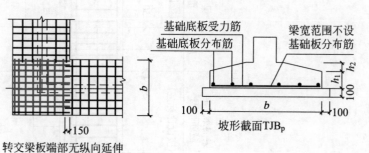

基础底板受力筋
基础底板分布筋
梁宽范围不设基础板分布筋

阶形截面TJB$_J$

基础底板受力筋
基础底板分布筋
梁宽范围不设基础板分布筋

坡形截面TJB$_p$

图 5-40 条形基础底板钢筋构造

118

9. 条形基础底板板底不平构造

见图 5-41。

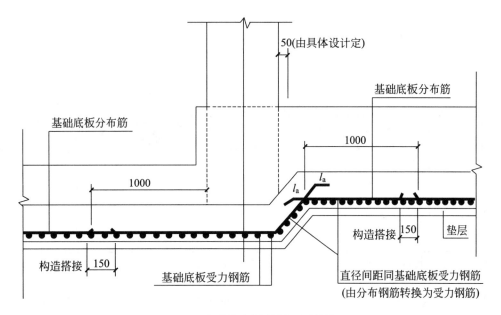

(a) 条形基础底板板底不平构造(一)

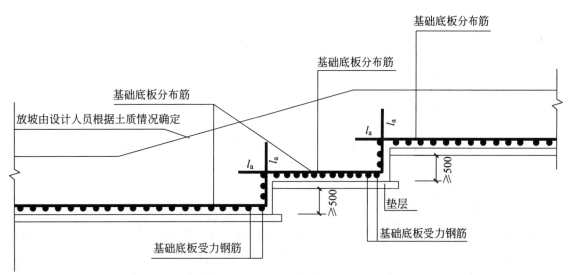

(b) 条形基础底板板底不平构造(二)(板式条形基础)

图 5-41 条形基础底板板底不平构造

第三节 ▶ 筏形基础的平面表示法

一、梁板式筏形基础的制图规则及平面表示

1. 梁板式筏形基础的分类

二维码 5-3

梁板式筏形基础分为高板位梁板式筏基、低板位梁板式筏基和中板位梁板式筏基。高板位梁板式

筏基是指梁与板顶面一平（上平下不平）的筏形基础；低板位梁板式筏基是指梁与板底面一平（下平上不平）的筏形基础；中板位梁板式筏基是指板底面、顶面与梁底面、顶面均不平（下、上均不平）的筏形基础。

2. 梁板式筏形基础构件的类型及编号

见表 5-7。

表 5-7　梁板式筏形基础构件的类型及编号

构件类型	代号	序号	跨数及有否外伸
基础主梁（柱下）	JL	××	（××）或（××A）或（××B）
基础次梁	JCL	××	（××）或（××A）或（××B）
梁板式筏基平板	LPB	××	

注：1.（××A）为一端有外伸，（××B）为两端有外伸，外伸不计入跨数。例：JL7（5B）表示第 7 号基础主梁，5 跨，两端有外伸。

2. 对于梁板式筏形基础平板，其跨数及是否有外伸分别在 X、Y 两向的贯通纵筋之后表达。图面从左至右为 X 向，从下至上为 Y 向。

3. 基础主梁与基础次梁的标注

基础主梁 JL 与基础次梁 JCL 的平面注写方式，分集中标注与原位标注两部分内容。

基础主梁 JL 与基础次梁 JCL 的集中标注内容为：基础编号、截面尺寸、配筋三项必注内容，以及基础底面标高高差（相对于筏形基础平板地面标高）一项选注内容。规定如下：

（1）注写基础梁的编号，见表 5-7。

（2）注写基础梁的截面尺寸。以 $b \times h$ 表示梁截面宽度与高度；当为竖向加腋梁时，用 $b \times h$ $Yc_1 \times c_2$ 表示，其中 c_1 为腋长，c_2 为腋高。

（3）注写基础梁的配筋。

① 注写基础梁的箍筋。当采用一种箍筋间距时，注写钢筋级别、直径、间距与肢数（写在括号内）。

② 当采用两种箍筋间距时，用"/"分隔不同箍筋，按照从基础梁两端向跨中的顺序注写。先注写第一段箍筋（在前面加注箍数），在斜线后注写第 2 段箍筋（不再加注箍筋数）。

例如：9⏀16@100/⏀16@200（6），表示配置两种 HRB400 级箍筋，直径为 ⏀16，从梁两端起向跨内按间距 100mm 设置 9 道，梁其余部位的间距为 200mm，均为 6 肢箍。

施工注意事项：两向基础梁相交的柱下区域，应有一向截面较高的基础梁按梁端箍筋贯通设置，当两向基础梁截面高度相同时，任选一向基础梁箍筋贯通设置。

（4）注写基础梁的底部、顶部及侧面纵向钢筋。

① 以 B 打头，注写梁底部贯通纵筋（不应少于梁底部受力钢筋总截面面积的1/3）。当跨中所注根数少于箍筋肢数时，需要在跨中增设梁底部架立筋以固定箍筋，注写时，用"+"将贯通纵筋与架立筋相联，架立筋注写在加号后面的括号内。

② 以 T 打头，注写梁顶部贯通纵筋值，注写时用";"将底部与顶部纵筋隔开。当梁底部或顶部贯通纵筋多于一排时，用"/"将各排纵筋自上而下分开。

③ 以大写字母 G 或 N 打头注写基础梁两侧面对称配置的纵向构造钢筋的总配筋值（当梁腹板高度 h_w

不小于 450mm 时，根据需要配置）。

④ 注写基础梁底面标高高差（系指相对于筏形基础平板底面标高的高差值），该项为选注值。有高差时需将高差写入括号内（如"高板位"与"中板位"基础梁的底面与基础平板底面标高的高差值），无高差时不注（如"低板位"筏形基础的基础梁）。

4. 基础主梁与基础次梁标注说明

见表 5-8。图集 16G101-3 梁板式筏形基础梁配筋典型案例见图 5-42。

表 5-8　基础主梁与基础次梁标注说明

集中标注的说明（集中标注应在第一跨引出）

注写形式	表达内容	附加说明
JL ×× (×B)或 JCL ×× (×B)	基础主梁 JL 或基础次梁 JCL 编号，具体包括：代号、序号（跨数及外伸状况）	（×A）：一端有外伸；（×B）两端均有外伸；无外伸则仅注跨数（×）
$b \times h$	截面尺寸，梁宽 × 梁高	当加腋时，用 $b \times h$ $Yc_1 \times c_2$ 表示，其中 c_1 为腋长，c_2 为腋高
×× φ×× @×××/ φ×× @××× (×)	第一种箍筋道数、强度等级、直径、间距/第二种间距、（肢数）	φ—HPB300，Φ—HRB335，Φ—HRB400，Φ^R—HRB400，下同
B× Φ ×× ；T× Φ ××	底部（B）贯通纵筋根数，强度等级，直径；顶部（T）贯通纵筋根数，强度等级，直径	底部纵筋应有不少于 1/3 贯通全跨，顶部纵筋全部连通
G× Φ ××	梁侧面纵向构造钢筋根数、强度等级、直径	为梁两个侧面构造纵筋的总根数
(×. ×××)	梁底面相对于筏板基础平板标高的高差	高者前加 "+" 号，低者前加 "-" 号，无高差不注

原位标注（含贯通筋）的说明

注写形式	表达内容	附加说明
× Φ ×× ×/×	基础主梁柱下与基础次梁支座区域底部纵筋根数、强度等级、直径，以及用 "/" 分隔的各排筋根数	为该区域底部包括贯通筋与非贯通筋在内的全部纵筋
× φ ×× (×)	附加箍筋总根数（两侧均分）、强度级别、直径及肢数	在主次梁相交处的主梁上引出
其他原位标注	某部位与集中标注不同的内容	原位标注取值优先

注：平面注写时，相同的基础主梁或次梁只标注一根，其他仅注编号，有关标注的其他规定详见制图规则。在基础梁相交处位于同一层面的纵筋相交叉时，设计应注明何梁纵筋在下，何梁纵筋在上。

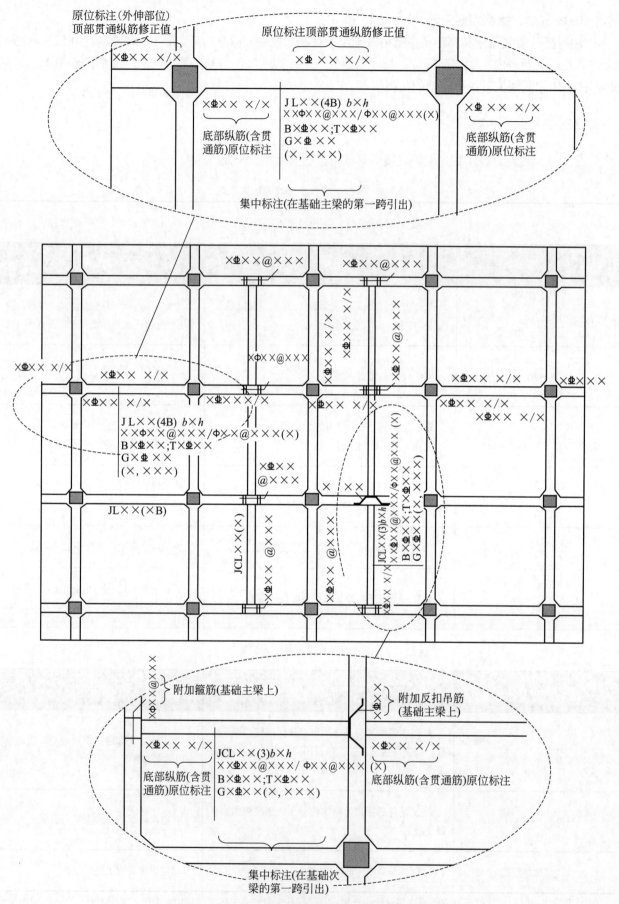

图 5-42　图集 16G101-3 梁板式筏形基础梁配筋典型案例

5. 梁板式筏形基础平板标注说明

见表 5-9。

表 5-9　梁板式筏形基础平板标注说明

集中标注说明（集中标注应在双向均为第一跨引出）

注写形式	表达内容	附加说明
LPB××	基础平板编号，包括代号和序号	为梁板式基础的基础平板
h=××××	基础平板厚度	—
X：B Φ××@×××； 　T Φ××@×××；（×、×A、×B） Y：B Φ××@×××； 　T Φ××@×××；（×、×A、×B）	X向或Y向底部与顶部贯通纵筋强度等级、直径、间距（跨数及外伸情况）	底部纵筋应有不少于1/3贯通全跨，注意与非贯通纵筋组合设置的具体要求，详见制图规则。顶部纵筋应全跨贯通，用"B"引导底部贯通纵筋，用"T"引导顶部贯通纵筋，（×A）：一端有外伸；（×B）：两端均有外伸；无外伸则仅注跨数（×）。图面从左至右为X向，从下至为Y向

板底部附加非贯通筋的原位标注说明（原位标注应在基础梁下相同配筋跨的第一跨下注写）

注写形式	表达内容	附加说明
ⓧ　Φ××@×××(×、×A、×B) 　　　　　　　　××××　　　基础梁	底部附加非贯通纵筋编号、强度等级、直径、间距（相同配筋横向布置的跨数外伸情况）；自梁中心线分别向两边跨内的伸出长度值	当向两侧对称伸出时，可只在一侧注伸出长度值，外伸部位一侧的伸出长度与方式按标准构造，设计不注。相同非贯通纵筋可只注写一处，其他仅在中粗虚线上注写编号。与贯通纵筋组合设置时的具体要求详见相应制图规则
修正内容原位注写	某部位与集中标注不同的内容	原位标注的修正内容取值优先

当采用两种不同规格钢筋"隔一布一"方式时，其表达方式为 ΦXX/YY@×××，表示钢筋 ΦXX 与钢筋 ΦYY 之间的间距为 ×××，钢筋 ΦXX 或钢筋 ΦYY 之间的间距为 ××× 的2倍。

图集 16G101-3 梁板式筏形基础平板配筋典型案例见图 5-43。

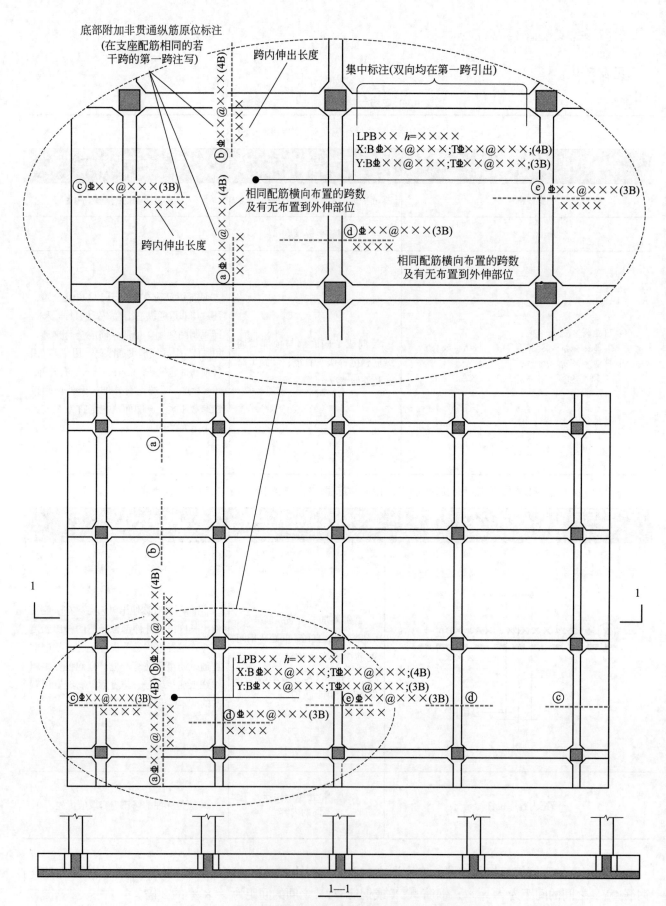

图 5-43　图集 16G101-3 梁板式筏形基础平板配筋典型案例

二、平板式筏形基础的制图规则及平面表示

平板式筏形基础平法施工图，是在基础平面布置图上采用平面注写的一种表达方式。基础平面布置图上包含柱、墙的位置及其大小；筏板基础板厚及标高有变化时，筏板基础厚度及标高变化的范围亦在平面图中表达。

平板式筏形基础平面注写方式有两种：一是划分为柱下板带和跨中板带进行表达；二是按基础平板进行表达。两种表达方式中均分集中标注与原位标注两部分内容，具体规定归纳如下。

1. 平板式筏形基础平板标注说明

柱下板带（ZXB）及跨中板带（KZB）标注说明见表5-10，平板式筏形基础平板（BPB）标注说明见表5-11。

表5-10 柱下板带（**ZXB**）及跨中板带（**KZB**）标注说明

集中标注说明（集中标注应在第一跨引出）		
注写形式	表达内容	附加说明
ZXB××（×B）或KZB××（×B）	柱下板带或跨中板带编号，具体包括：代号、序号、（跨数及外伸状况）	（×A）：一端有外伸；（×B）：两端均有外伸；无外伸则仅注跨数（×）
b=××××	板带宽度（在图注中应注明板厚）	板带宽度取值与设置部位应符合规范要求
B Φ××@×××； T Φ××@×××	底部贯通纵筋强度等级、直径、间距；顶部贯通纵筋强度等级、直径、间距	底部纵筋应有不少于1/3贯通全跨，注意与非贯通纵筋组合设置的具体要求，详见制图规则
板底部附加非贯通纵筋原位标注说明		
注写形式	表达内容	附加说明
柱下板带：ⓐ Φ××@××× ×××× ⓐ Φ××@××× ×××× 跨中板带：ⓑ Φ××@××× ××××	底部非贯通纵筋编号、强度等级、直径、间距；自柱中线分别向两边跨内的伸出长度值	同一板带中其他相同非贯通纵筋可仅在中粗虚线上注写编号。向两侧对称伸出时，可只在一侧注写伸出长度值。向外伸部位的伸出长度与方式按标准构造，设计不注。与贯通纵筋组合设置时的具体要求详见相应制图规则
修正内容原位注写	某部位与集中标注不同的内容	原位标注的修正内容取值优先

表5-11 平板式筏形基础平板（**BPB**）标注说明

集中标注说明（集中标注应在双向均为第一跨引出）		
注写形式	表达内容	附加说明
BPB××	基础平板编号，包括代号和序号	为平板式筏形基础的基础平板
h=××××	基础平板厚度	

125

注写形式	表达内容	附加说明
X: B×⛏××@×××; 　 T×⛏××@×××; (×、×A、×B) Y: B×⛏××@×××; 　 T×⛏××@×××; (×、×A、×B)	X向或Y向底部与顶部贯通纵筋强度等级、直径、间距（跨数及外伸情况）。 注意：基础平板的跨数以构成柱网的主轴线为准，两主轴线之间不论有几道辅助轴线均可按一跨考虑	底部纵筋应有不少于1/3贯通全跨，注意与非贯通纵筋组合设置的具体要求，详见制图规则，顶部纵筋应全跨贯通，用"B"引导底部贯通纵筋，用"T"引导奇峰部贯通纵筋。（×A）：一端有外伸；（×B）：两端均有外伸；无外伸则仅注跨数（×）。图面从左至右为X向，从下至上为Y向

板底部附加非贯通筋的原位标注说明（原位标注应在基础梁下相同配筋跨的第一跨下注写）

注写形式	表达内容	附加说明
Ⓧ ⛏××@×××(×、×A、×B) - - - - - - ┼ - - - - - - - 　　　　 ×××× └── 柱中线	底部附加非贯通纵筋编号、强度等级、直径、间距（相同配筋横向布置的跨数及是否布置到外伸部位）；自梁中心线分别向两边跨内的伸出长度值	当向两侧对称伸出时，可以只在一侧注写伸出长度值。外伸部位一侧的伸出长度与方式按标准构造，设计不注。相同非贯通纵筋可只注写一处，其他仅在中粗虚线上注写编号。与贯通纵筋组合设置时的具体要求详见相应制图规则
修正内容原位注写	某部位与集中标注不同的内容	原位标注的修正内容取值优先

2. 当采用两种不同规格钢筋"隔一布一"方式时

其表达方式为 ⛏XX/YY@××× 表示钢筋 ⛏XX 与钢筋 ⛏YY 之间的间距为 ×××，钢筋 ⛏XX 或钢筋 ⛏YY 之间的间距为 ××× 的 2 倍。

3. 平板式筏形基础的其他标注内容

图集 16G101-3 平板式筏形基础配筋典型案例见图 5-44。

（1）注明板厚。当整片平板式筏形基础有不同板厚时，应注意图中分别注明的各板厚及各自的分布范围。

（2）当在基础平板周边侧面设置纵向构造钢筋时，注意图中注明的钢筋用量及用法。

（3）注意基础平板外伸部位的封边方式，当采用 U 形钢筋封边时，注意图中注明的钢筋规格、直径及间距。

（4）当基础平板厚度大于 2m 时，应注意看在基础平板中部是否设有水平构造钢筋网及板配筋的具体构造要求。

（5）当基础平板外伸阳角部位设置放射筋时，应注意放射钢筋的强度等级、直径、根数以及设置方式等。

（6）板的上、下部纵筋之间设置拉筋时，应注意拉筋的强度等级、直径、双向间距等。

（7）应注意混凝土垫层的厚度与强度等级及钢筋保护层厚度要求。

（8）当基础平板同一层面的纵筋相交叉时，注意图中注明的何向纵筋在下，何向纵筋在上。

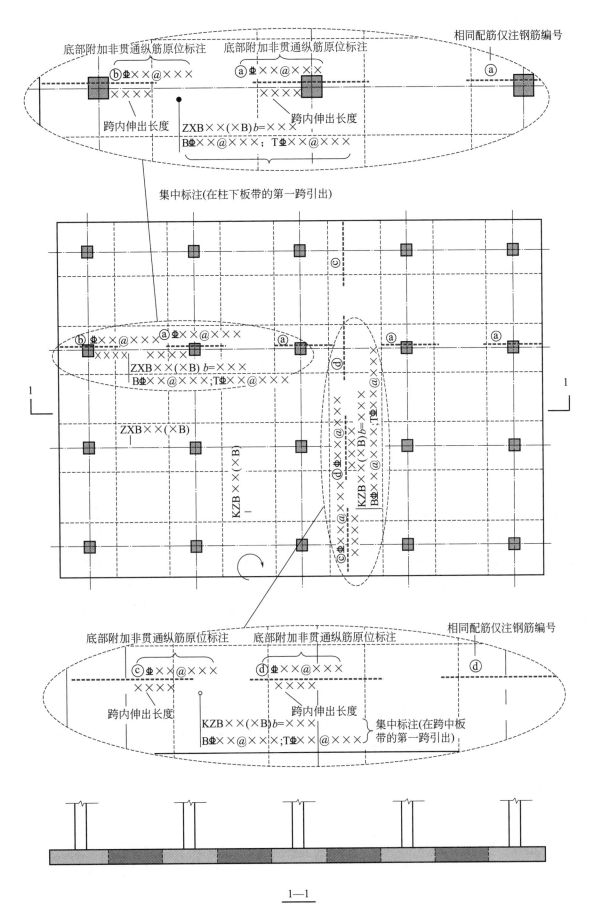

图 5-44 图集 16G101-3 平板式筏形基础配筋典型案例

第五章 钢筋混凝土基础施工图平面表示法解读

三、筏形基础的构造详图

1. 基础梁纵筋构造

基础梁纵向钢筋构造见图 5-45。阅读图 5-45 应注意：

（1）图中 l_n 为相邻两跨的较大值；

（2）下部非通长筋伸入跨内的长度为 $l_n/3$（l_n 为支座两侧最大跨的净跨度值）；

（3）节点区内的箍筋按梁端箍筋设置；

（4）梁端第一个箍筋距支座边的距离为 50mm；

（5）当纵筋采用搭接，在搭接区域内的箍筋间距取 $5d$、100mm 的最小值，其中 d 为纵筋的最小直径；

（6）不同配置的底部通长筋，应在两相邻跨中配置较小一跨的跨中连接区域连接；

（7）当底部筋多于两排时，从第三排起非通长筋伸入跨内的长度由设计注明。

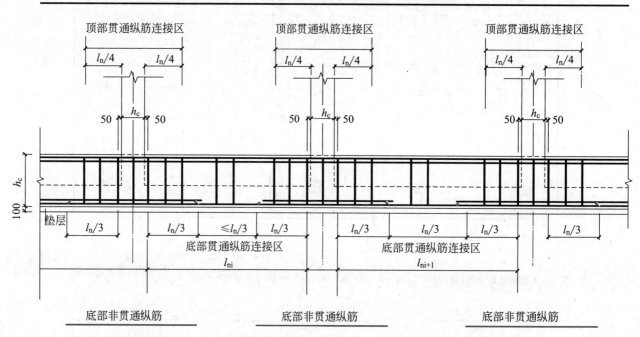

图 5-45 基础梁纵向钢筋构造

2. 基础梁的箍筋构造

基础梁的箍筋构造见图 5-46。阅读图 5-46 应注意：

当具体设计未注明时，基础主梁与基础次梁的外伸部位，以及基础主梁端部节点内按第一种箍筋设置。

平法解读与应用　第二版

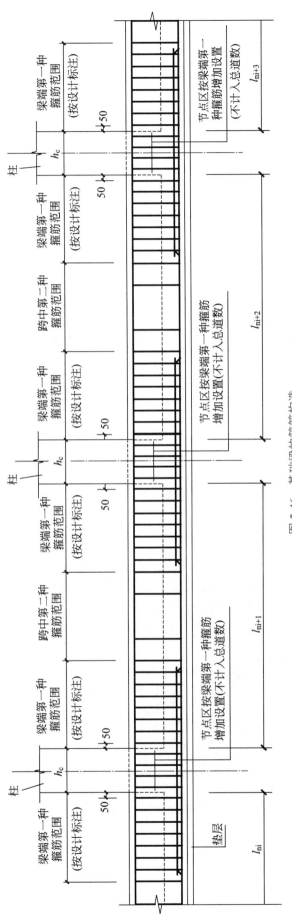

图 5-46 基础梁的箍筋构造

3. 附加箍筋构造

附加箍筋构造见图 5-47。

4. 附加吊筋构造

附加吊筋构造见图 5-48。阅读图 5-48 应注意：
（1）吊筋高度应根据基础主梁高度推算；
（2）吊筋顶部平直段与基础主梁顶部总筋净距应满足规范要求，当空间不足时，应置于下一排；
（3）吊筋范围内（包括基础次梁宽度内）的箍筋照常设置。

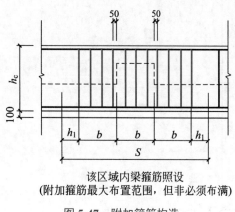

图 5-47　附加箍筋构造

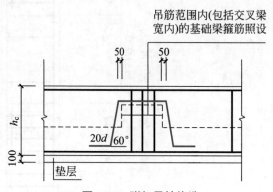

图 5-48　附加吊筋构造

5. 侧面纵筋和拉筋构造

侧面纵筋和拉筋构造见图 5-49。阅读图 5-49 应注意：
（1）当 $h_w \geqslant 450mm$ 时，在梁的两个侧面配置纵向构造钢筋，纵向构造钢筋间距 $a \leqslant 200mm$；
（2）十字相交的基础梁，其侧面构造钢筋锚入交叉梁内 $15d$，丁字交叉的基础梁，横梁外侧的构造钢筋应贯通，横梁内侧和竖梁两侧的构造纵筋锚入交叉梁内 $15d$。

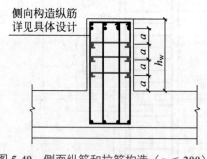

图 5-49　侧面纵筋和拉筋构造（$a \leqslant 200$）

6. 基础次梁构造

基础次梁构造见图 5-50。阅读图 5-50 应注意：

平法解读与应用　第二版

顶部贯通纵筋在其连接区内搭接、机械连接或焊接。同一连接区段内接头面积百分率不宜大于50%，
当钢筋长度可穿过连接区到下一连接区并满足连接要求时，宜穿越设置。

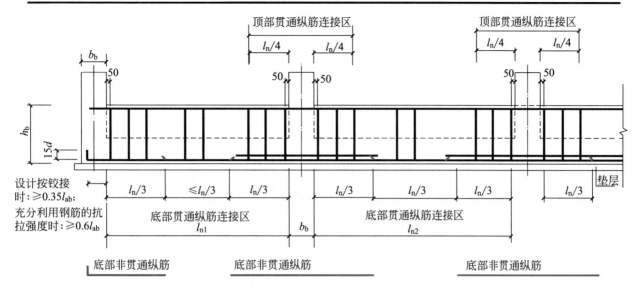

图 5-50　基础次梁构造

（1）底部非通长筋伸入跨内的长度为 $l_n/3$（l_n 为左右宽的最大净跨度值）；

（2）上部钢筋锚入基础主梁内长度≥ $12d$ 且至少到梁中线，其中 d 为纵筋的最大直径；

（3）基础次梁端部第一道箍筋距基础主梁边 50mm 开始布置。

7. 基础次梁端部外伸构造

基础次梁端部外伸构造见图 5-51。阅读图 5-51 应注意：

（1）梁上部第一纵筋伸至外伸边缘弯折 $12d$；

（2）梁下部底排纵筋伸至外伸边缘弯折 $12d$；

（3）梁下部非底排纵筋伸至外伸边缘截断。

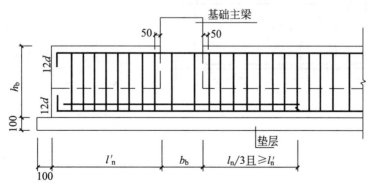

图 5-51　基础次梁端部外伸构造

8. 基础次梁标高变化节点

基础次梁标高变化节点见图 5-52。

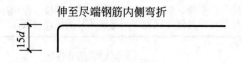

伸至尽端钢筋内侧弯折

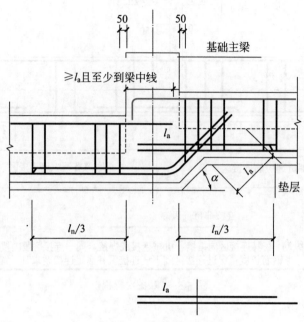

图 5-52　基础次梁标高变化节点

9. 支座两侧梁宽度不同构造图

支座两侧梁宽度不同构造见图 5-53。阅读图 5-53 应注意：宽出部位的底部各排纵筋伸至尽端钢筋内侧后弯折，当直锚 $\geq l_a$ 时，可不设弯折。

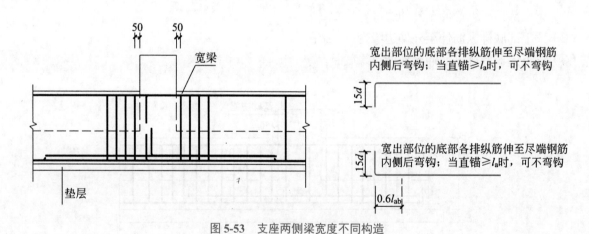

图 5-53　支座两侧梁宽度不同构造

10. 梁板式筏形基础外伸构造

梁板式筏形基础外伸构造见图 5-54。阅读图 5-54 应注意：基础上下部纵筋伸至外伸边缘弯折，其弯折长度为 12d。

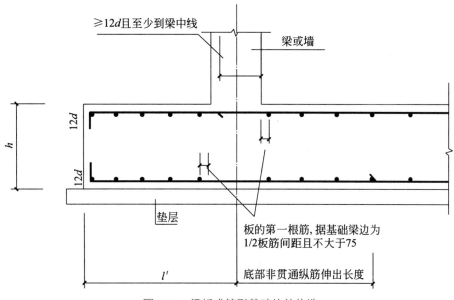

图 5-54　梁板式筏形基础外伸构造

11. 梁板式筏形基础无外伸构造

梁板式筏形基础无外伸构造见图 5-55。阅读图 5-55 应注意：

（1）上部纵筋锚入基础梁内长度为 $12d$、梁宽 $1/2$ 之最大值，其中 d 为纵筋的最大直径；

（2）下部纵筋伸至基础梁边缘弯折，弯折长度为 $15d$。

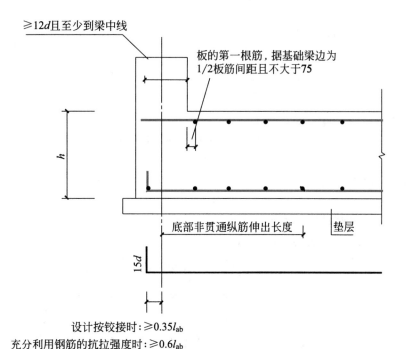

图 5-55　梁板式筏形基础无外伸构造

12. 梁板式筏形基础标高变化构造

梁板式筏形基础标高变化构造见图 5-56。阅读图 5-56 应注意：

（1）高跨下部纵筋锚入低跨基础内 l_a；

（2）低跨下部纵筋锚入高跨内 l_a；

（3）中部钢筋锚入基础梁内 l_a。

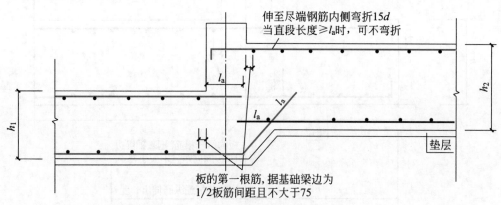

图 5-56　梁板式筏形基础标高变化构造

13. 平板式筏形基础外伸构造

平板式筏形基础外伸构造见图 5-57。阅读图 5-57 应注意：基础上下部纵筋伸至基础边缘弯折 $12d$，并用"U"形筋封口。

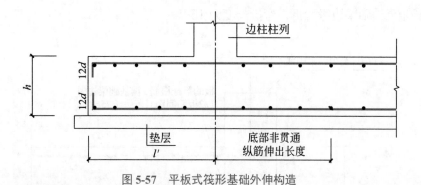

图 5-57　平板式筏形基础外伸构造

14. 平板式筏形基础无外伸构造

平板式筏形基础无外伸构造见图 5-58。

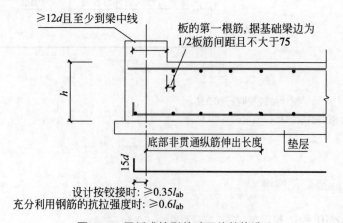

图 5-58　平板式筏形基础无外伸构造

15. 平板式筏形基础板顶有高差构造

平板式筏形基础板顶有高差构造见图 5-59。

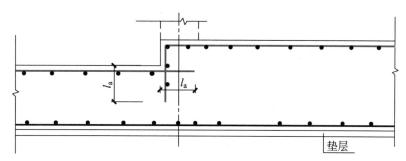

图 5-59　平板式筏形基础板顶有高差构造

16. 平板式筏形基础标高变化构造

平板式筏形基础标高变化构造见图 5-60 ～图 5-62。

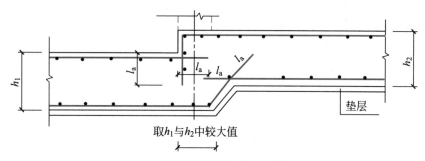

图 5-60　平板式筏形基础标高变化构造（一）

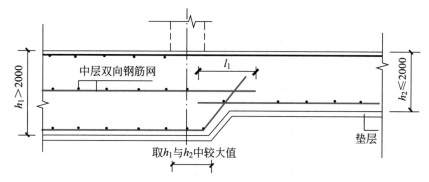

图 5-61　平板式筏形基础标高变化构造（二）

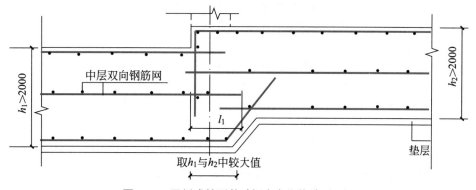

图 5-62　平板式筏形基础标高变化构造（三）

单项能力实训题

1.对于柱下条形基础，独立基础底板在有梁覆盖的位置是否需要布置与梁平行的受力筋？
（提示：梁的受力钢筋可以替代独立基础的受力钢筋）

2.某独立基础传统配筋图如图5-63所示，试将该图表示成平面表示法的集中标注方式。

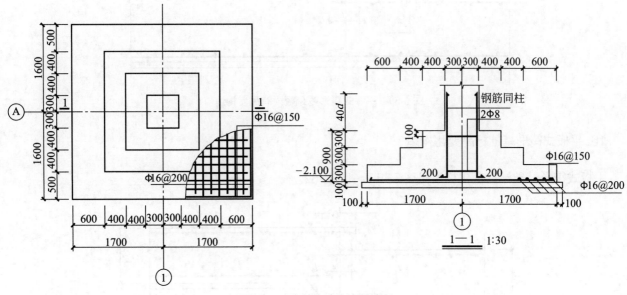

图 5-63　独立基础传统配筋图

3.某独立基础采用平面表示法如图5-64所示，试用"正投影表示法"绘制出该基础图。

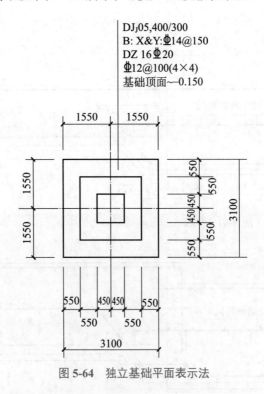

图 5-64　独立基础平面表示法

4.某条形基础平面表示法如图5-65所示，试将该图表示成传统配筋图。

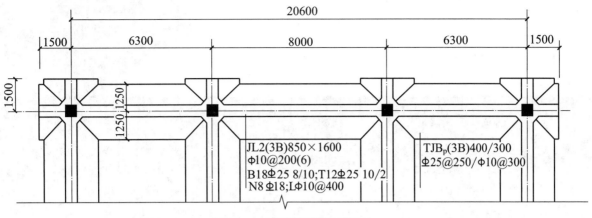

図 5-65 条形基础平面表示法

综合能力实训题

试将图 5-66 梁板式筏形基础主梁平面表示方法表达成传统配筋的形式。

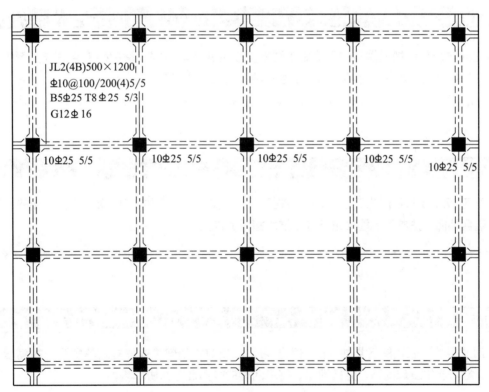

图 5-66 梁板式筏形基础主梁平面表示方法

第六章

钢筋混凝土楼梯施工图平面表示法解读

学习目标

　　本章主要学习几种板式楼梯的平法施工图制图规则和注写方式，掌握楼梯平法施工图中集中标注和外围标注的内容及其含义，并结合图集掌握几种板式楼梯的配筋构造。

能力目标

　　通过学习板式楼梯平法施工图的表达方式及相关构造，具备对板式楼梯平法施工图的识读能力，同时具备结合楼梯平法施工图图集进行施工技术指导的能力。

素质目标

　　通过对"平法"表达的各类楼梯的归类学习，以及对复杂部位处理方式的学习，提高学生的自主学习能力，培养学生发现问题、分析问题、解决问题的能力及团队协作精神。

　　现浇钢筋混凝土楼梯按结构形式可分为板式楼梯和梁式楼梯两种，其中梁式楼梯适用于大跨度和活荷载较大的楼梯，如民用建筑中的室外大跨度楼梯、工业建筑中的楼梯等；板式楼梯适用于跨度和活荷载较小的楼梯，如住宅、办公楼等建筑中的疏散楼梯。由于板式楼梯有着构造简单、施工方便等特点，在一般民用与工业建筑中得到了广泛的应用。本章着重讲解现浇混凝土板式楼梯的平法施工图制图规则和相关构造，帮助读者掌握各种现浇混凝土板式楼梯的平法施工图表达方法。

第一节 ▶ 现浇混凝土板式楼梯平法施工图制图规则

二维码 6-1

一、现浇混凝土板式楼梯平法施工图的表示方法

现浇混凝土板式楼梯平法施工图有平面注写、剖面注写和列表注写三种表达方式，设计者可根据工程具体情况任选一种。平面注写方式是用在楼梯平面布置图上注写楼梯各构件的截面尺寸和配筋数值的方式来表达楼梯施工图的。楼梯平面布置图应按照楼梯标准层，采用适当比例集中绘制，当楼梯剖面较复杂，不能用楼层标高和层间标高来清楚表达楼梯剖面关系时，还需绘制楼梯剖面图。剖面注写方式需在楼梯平法施工图中绘制楼梯平面布置图和楼梯剖面图，把楼梯梯板截面尺寸和配筋直接注写在剖面图中对应梯板上，梯梁、梯柱等构件截面尺寸和配筋可以在楼梯平面图中平法标注，也可以单独给出梯梁、梯柱剖面大样图。列表注写方式也需要绘制楼梯平面布置图和楼梯剖面图，但只需把楼梯梯板截面尺寸和配筋以列表的形式表达出来即可。

二、楼梯类型

为了制图标准化，现浇混凝土板式楼梯平法施工图制图规则中，把常见的钢筋混凝土板式楼梯按梯段类型的不同分为 12 种常用的类型，详见表 6-1 和图 6-1～图 6-6。在施工图中楼梯编号由梯板代号和序号组成：如 AT××、BT××、ATa×× 等。

表 6-1　楼梯类型

梯板代号	适用范围		是否参与结构整体抗震计算
	抗震构造措施	适用结构	
AT	无	剪力墙、砌体结构	不参与
BT			
CT	无	剪力墙、砌体结构	不参与
DT			
ET	无	剪力墙、砌体结构	不参与
FT			
GT	无	剪力墙、砌体结构	不参与
ATa	有	框架结构、框剪结构中框架部分	不参与
ATb			不参与
ATc			参与
CTa	有	框架结构、框剪结构中框架部分	不参与
CTb			

注：ATa、CTa 低端设滑动支座支承在梯梁上；ATb、CTb 低端设滑动支座支承在挑板上。

各类型楼梯由踏步段、低端梯梁、高端梯梁、低端平板、高端平板、楼层梁、楼层平板、层间梁、层间平板等构件连接构成，具体特征如下。

139

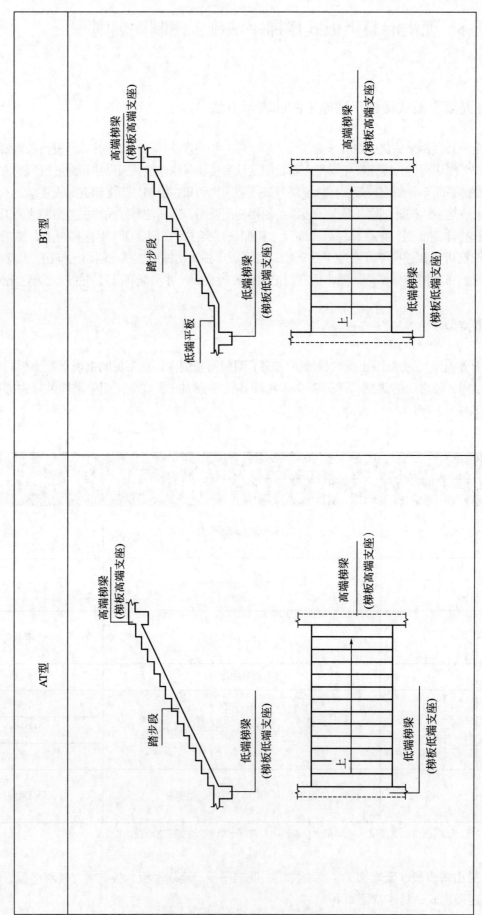

图 6-1 AT、BT 型楼梯

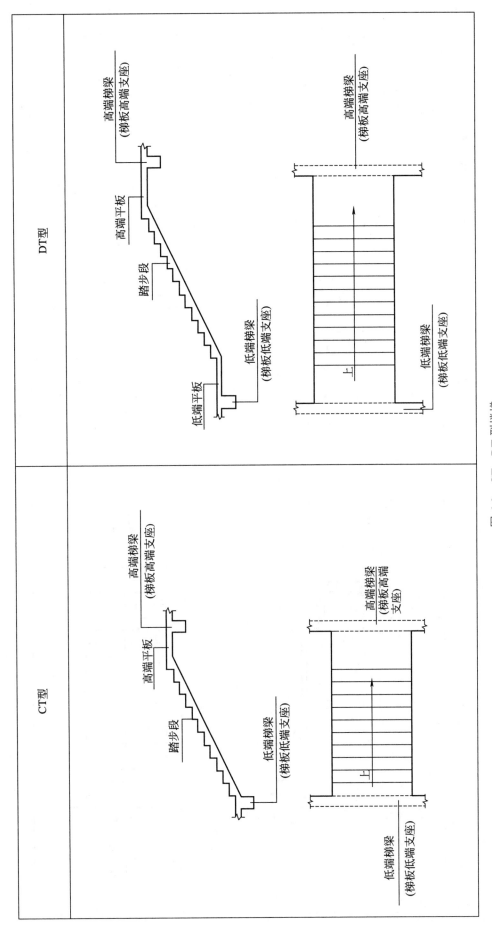

图 6-2 CT、DT 型楼梯

第六章　钢筋混凝土楼梯施工图平面表示法解读

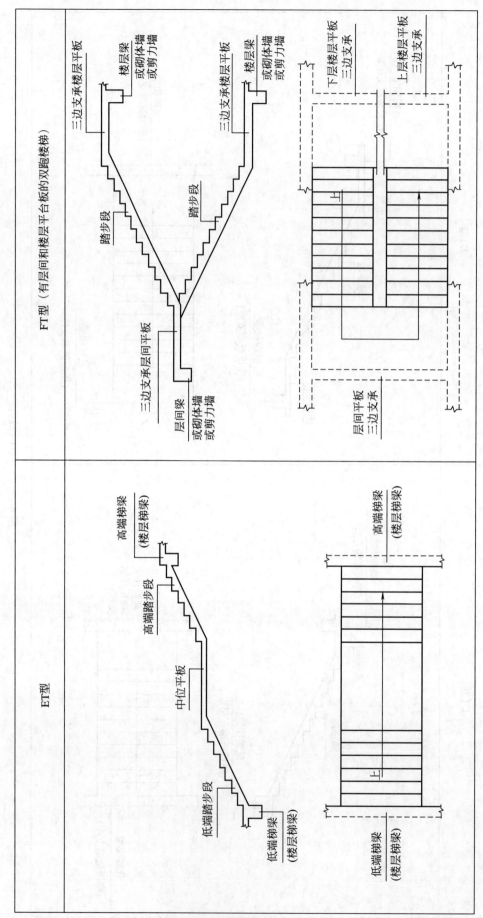

图 6-3 ET、FT 型楼梯

1.AT ～ ET 型板式楼梯的特征

（1）AT ～ ET 型板式楼梯代号代表一段带上下支座的梯板。梯板的主体为踏步段，除踏步段之外，梯板可包括低端平板、高端平板以及中位平板。

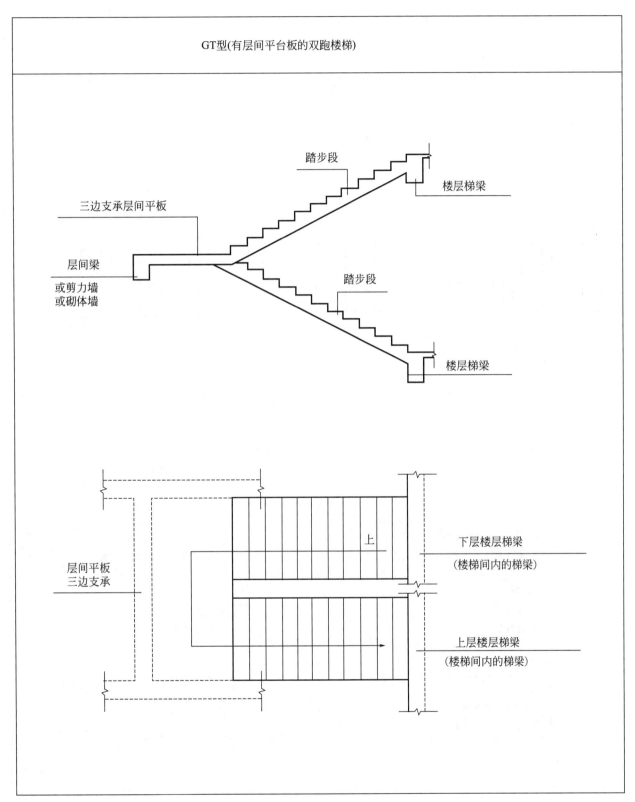

图 6-4　GT 型楼梯

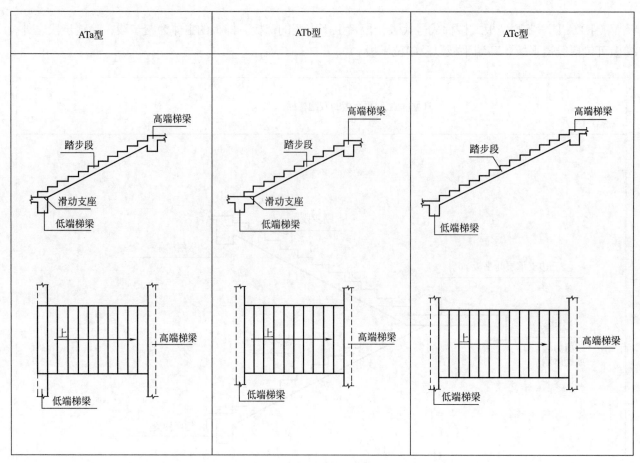

图 6-5　**ATa、ATb、ATc** 型楼梯

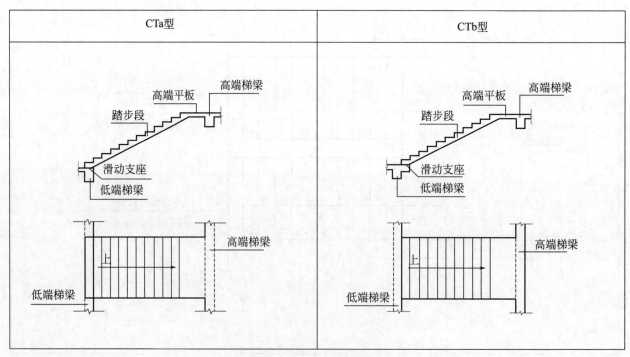

图 6-6　**CTa、CTb** 型楼梯

（2）AT～ET 各型梯板的截面形状。

① AT 型梯板全部由踏步段构成；

② BT 型梯板由低端平板和踏步段构成；

③ CT 型梯板由踏步段和高端平板构成；

④ DT 型梯板由低端平板、踏步段和高端平板构成；

⑤ ET 型梯板由低端踏步段、中位平板和高端踏步段构成。

（3）AT～ET 型梯板的两端（低端和高端）分别以梯梁为支座，采用该组板式楼梯的楼梯间内部既要设置楼层梯梁，也要设置层间梯梁（其中 ET 型梯板两端均为楼层梯梁），以及与其相连的楼层平台板和层间平台板。

（4）AT～ET 型梯板的型号、板厚、上下部纵向钢筋及分布钢筋等内容由设计者在平法施工图中注明。梯板上部纵向钢筋向跨内伸出的水平投影长度见相应的标准构造详图，设计不注，但设计者应予以校核；当标准构造详图规定的水平投影长度不满足具体工程要求时，应由设计者另行注明。

2.FT、GT 型板式楼梯的特征

（1）FT、GT 型板式楼梯每个代号代表两跑踏步段和连接它们的楼层平板及层间平板。

（2）FT、GT 型梯板的构成分两类：

第一类：FT 型，由层间平板、踏步段和楼层平板构成。

第二类：GT 型，由层间平板和踏步段构成。

（3）FT、GT 型梯板的支承方式如下：

① FT 型：梯板一端的层间平板采用三边支承，另一端的楼层平板也采用三边支承。

② GT 型：梯板一端的层间平板采用三边支承，另一端的梯板段采用单边支承（在梯梁上）。

FT、GT 型梯板的支承方式见表 6-2。

表 6-2　FT、GT 型梯板支承方式

梯板类型	层间平板端	踏步段端（楼层处）	楼层平板端
FT	三边支承	—	三边支承
GT	三边支承	单边支承（梯梁上）	—

（4）FT、GT 型梯板的型号、板厚、上下部纵向钢筋及分布钢筋等内容由设计者在平法施工图中注明。FT、GT 型平台上部横向钢筋及其外伸长度，在平面图中原位标注。梯板上部纵向钢筋向跨内伸出的水平投影长度见相应的标准构造详图，设计不注，但设计者应予以校核；当标准构造详图规定的水平投影长度不满足具体工程要求时，应由设计者另行注明。

3.ATa、ATb 型板式楼梯的特征

（1）ATa、ATb 型为带滑动支座的板式楼梯，梯板全部由踏步段构成，其支承方式为梯板高端均支承在梯梁上，ATa 型梯板低端带滑动支座支承在梯梁上，ATb 型梯板低端带滑动支座支承在梯梁的挑板上。

（2）滑动支座有设预埋钢板和设聚四氟乙烯垫板两种做法，采用何种做法应由设计者指定。滑动支座垫板可选用聚四氟乙烯板、钢板和厚度大于等于 0.5mm 的塑料片，也可选用其他能起到有效滑动的材料，其连接方式由设计者另行处理。

（3）ATa、ATb 型梯板采用双层双向配筋。

4.ATc 型板式楼梯的特征

（1）ATc 型梯板全部由踏步段构成，其支承方式为梯板两端均支承在梯梁上。

（2）ATc 型楼梯休息平台与主体结构可整体连接，也可脱开连接。整体连接时，休息平台内侧设置梯柱，休息平台外侧不设置梯柱，休息平台外侧与主体框架柱相连；脱开连接时，休息平台内外侧均设置梯柱，休息平台外侧不与主体框架柱相连，休息平台完全由梯柱支撑。

（3）ATc 型楼梯梯板厚度应按计算确定，且不宜小于 140mm；梯板采用双层配筋。

（4）ATc 型梯板两侧设置边缘构件（暗梁），边缘构件的宽度取 1.5 倍板厚；边缘构件纵筋数量，当抗震等级为一、二级时不少于 6 根，当抗震等级为三、四级时不少于 4 根；纵筋直径不小于 Φ12 且不小于梯板纵向受力钢筋的直径；箍筋直径不小于 Φ6，间距不大于 200mm。平台板按双层双向配筋。

（5）ATc 型楼梯作为斜撑构件，钢筋均采用符合抗震性能要求的热轧钢筋，钢筋的抗拉强度实测值与屈服强度实测值的比值不应小于 1.25；钢筋的屈服强度实测值与屈服强度标准值的比值不应大于 1.3，且钢筋在最大拉力下的总伸长率实测值不应小于 9%。

（6）ATc 型楼梯为所有型楼梯中唯一一种参与结构整体抗震计算的楼梯。

5.CTa、CTb 型板式楼梯的特征

（1）CTa、CTb 型为带滑动支座的板式楼梯，梯板由踏步段和高端平板构成，其支承方式为梯板两端均支承在梯梁上。CTa 型梯板低端带滑动支座支撑在梯梁上，CTb 型梯板低端带滑动支座支撑在挑板上。

（2）滑动支座有设预埋钢板和设聚四氟乙烯垫板两种做法，采用何种做法应有设计者指定。滑动支座垫板可选用聚四氟乙烯板、钢板和厚度大于等于 0.5mm 的塑料片，也可选用其他能起到有效滑动的材料，其连接方式由设计者另行处理。

（3）CTa、CTb 型梯板采用双层双向配筋。

要注意的是，AT ~ CTb 型所有楼梯，梯梁支承在梯柱上时，其构造应符合 16G101-1 中框架梁 KL 的构造做法，箍筋宜全长加密；支承在剪力墙、砌体结构或梁上时，其构造应符合 16G101-1 中非框架梁 L 的构造做法。

第二节 ▶ 平面注写方式

现浇混凝土板式楼梯平法施工图采用的平面注写方式，是在楼梯结构平面布置图上，用注写构件截面尺寸和配筋具体数值的方式来表达楼梯施工图。平面注写内容包括集中标注和外围标注。

一、集中标注

二维码 6-2

集中标注是将楼梯类型、截面、配筋等主要内容直接集中标注在楼梯平面图上的一种表达方式，这种集中表达方式能够把梯板的主要结构信息直截了当地表达出来，对看图者来说是比较方便的。楼梯集中标注的内容有五项（见图 6-7），具体规定如下：

（1）梯板类型代号与序号，如 AT×× （如图 6-8 中的 AT3）。

（2）梯板厚度，注写为 h=×××。当为带平板的梯板且梯段板厚度和平板厚度不同时，可在梯段板厚度后面括号内以字母 P 打头注写平板厚度，如 h=120（P130）表示梯段板厚度为 120mm，梯板平板段的厚度为 130mm。

（3）踏步段总高度 H_s 和踏步级数（$m+1$）之间以"/"分隔，m 为踏步平面步数（如图 6-8 中的 1800/12）。

（4）梯板支座上部纵筋、下部纵筋之间以"；"分隔（如图 6-8 中的 Φ10@200；Φ12@150）。

（5）梯板分布筋，以 F 打头注写分布钢筋具体值，该项也可在图中统一说明（如图 6-8 中的 F Φ8@250）。

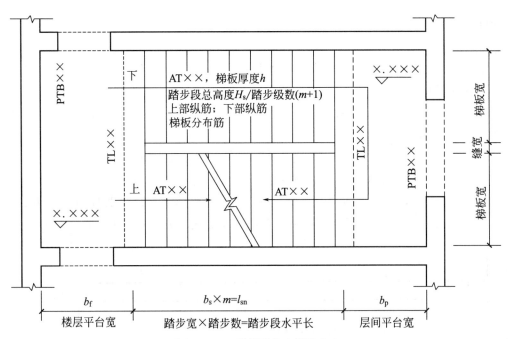

图 6-7　AT 型楼梯集中标注内容

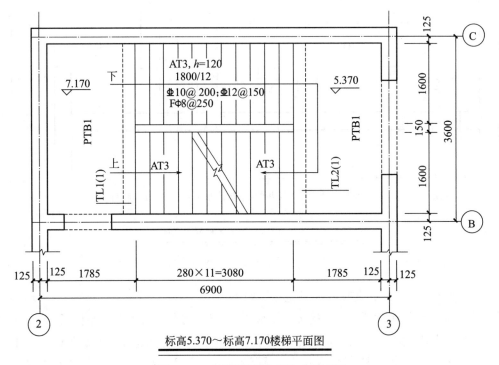

标高5.370～标高7.170楼梯平面图

图 6-8　AT 型楼梯集中标注内容示例

以图 6-8 为例，集中标注内容完整表达如下：

AT3，*h*=120：梯板类型及编号，梯板板厚。

1800/12：踏步段总高度 / 踏步级数。

Φ10@200；Φ12@150：上部纵筋；下部纵筋。

FΦ8@250：梯板分布筋（可统一说明）。

二、外围标注

楼梯外围标注指的是除了梯板集中标注以外的楼梯尺寸、标高等具体内容（如图 6-9 所示），楼梯外围标注的内容有以下几项：

（1）楼梯间平面尺寸，是指楼梯间轴线长度、宽度和轴线至墙（梁）边的尺寸（如图 6-10 中的 6900、3600、125 等尺寸）。

（2）楼层结构标高，是指楼梯楼层平台处结构标高（如图 6-10 中的 3.570）。

（3）层间结构标高，是指楼梯层间平台处结构标高（如图 6-10 中的 5.170）。

（4）楼梯的上下方向，是指上楼梯的上下踏步方向，为表达统一，在 16G101-2 图集中楼梯均为逆时针上，其制图规则与构造对于顺时针与逆时针上的楼梯均适用（如图 6-9、图 6-10 所示）。

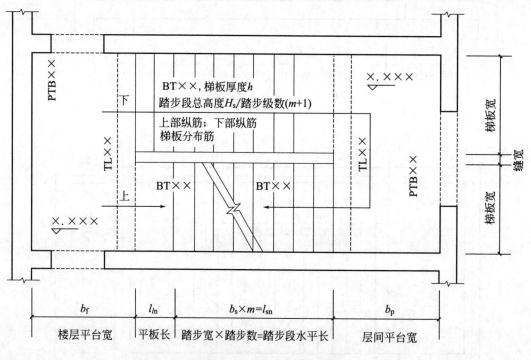

图 6-9　BT 型楼梯外围标注内容

（5）梯板的平面几何尺寸，此项标注各型楼梯如下：

① AT ～ ET 型楼梯，包括楼层平台宽 b_f、平板长 l_{ln}、l_{mn} 或 l_{hn}（l_{ln} 为低端平板长，l_{mn} 为中位平板长，l_{hn} 为高端平板长）、踏步段水平长 $b_s \times m = l_{sn}$、层间平台宽 b_p、梯板宽和缝宽等（如图 6-9、图 6-10 所示）。

② FT、GT 型楼梯，包括层间平板长 l_{pn}、踏步段水平长 $l_{sn} = b_s \times m$、楼层平板长 l_{fn}、踏步板宽和缝宽等（如图 6-11、图 6-12 所示）。

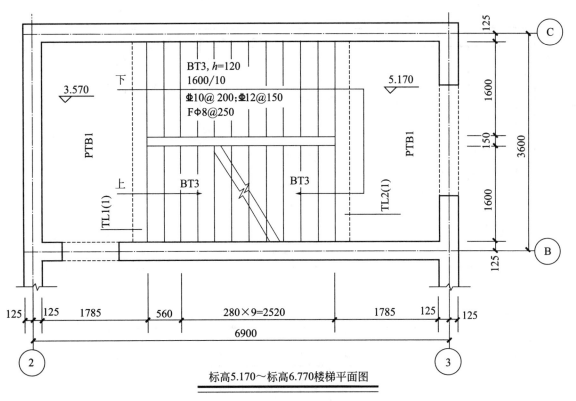

BT3, h=120
1600/10
Φ10@200;Φ12@150
Fϕ8@250

3.570

5.170

PTB1

PTB1

下

上

TL1(1)

BT3

BT3

TL2(1)

C

1600

150

3600

1600

B

125

125

125   125   1785   560   280×9=2520   1785   125   125

6900

2   3

标高5.170~标高6.770楼梯平面图

图 6-10 BT型楼梯外围标注内容示例

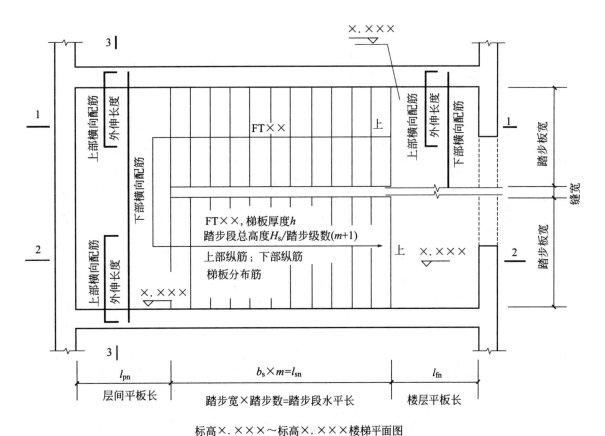

3

×.×××

1

上部横向配筋

外伸长度

下部横向配筋

FT××

上

上部横向配筋

外伸长度

下部横向配筋

踏步板宽

1

缝宽

2

上部横向配筋

外伸长度

下部横向配筋

FT××,梯板厚度h
踏步段总高度Hs/踏步级数(m+1)
上部纵筋;下部纵筋
梯板分布筋

上

×.×××

踏步板宽

2

×.×××

×.×××

3

l_{pn}

层间平板长

$b_s×m=l_{sn}$

踏步宽×踏步数=踏步段水平长

l_{fn}

楼层平板长

标高×.×××~标高×.×××楼梯平面图

图 6-11 FT型楼梯外围标注内容

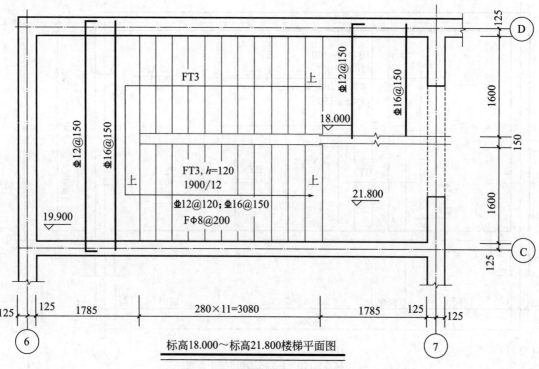

图 6-12　FT 型楼梯外围标注内容示例

③ ATa ～ ATc 型楼梯，包括层间平台板宽 b_{pn}、梯梁宽 b、踏步段水平长 $l_{sn}=b_s \times m$、楼层平台板宽 b_{fn}、踏步板宽和缝宽等（如图 6-13 所示）。

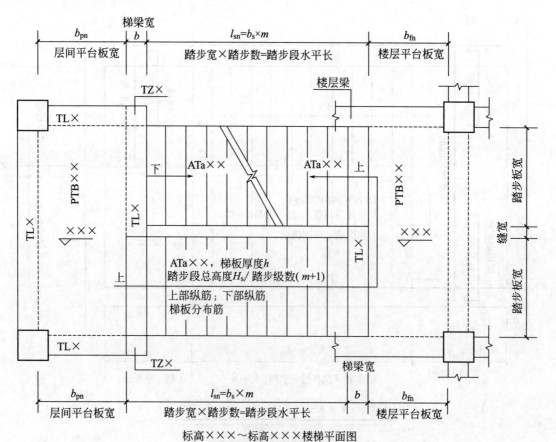

图 6-13　ATa 型楼梯外围标注内容

（6）平台板配筋，此项内容可按现浇板平法施工图规则注写。

（7）梯梁及梯柱配筋，此项内容可按梁、柱平法施工图规则注写。

【例6-1】 钢筋混凝土板式楼梯结构平面图及剖面图如图6-14所示，梯板、梯梁、梯柱、平台板截面及配筋如表6-3所示，以平法平面注写方式表达楼梯施工图（钢筋均为HRB400级钢筋）。

表6-3 构件配筋表

构件	TB1	TB2	TB3	TL1	TL2	TL3	TZ1	PTB1
截面/mm	h=160	h=160	h=140	300×400	300×400	250×400	300×300	h=120
纵向钢筋	上下通长 Φ12@100	上下通长 Φ12@100	上下通长 Φ10@100	2Φ16；3Φ18	2Φ16；2Φ18	2Φ16；3Φ18	8Φ16	上下X：Φ8@150
分布筋或箍筋	Φ8@200	Φ8@200	Φ8@200	Φ8@150	Φ8@150	Φ8@150	Φ8@150	上下Y：Φ8@150

【解】 先根据给定的结构平面图和剖面图，确定梯板类型分别为AT型和BT型，再结合16G101-1表示梯梁、梯柱及平台板配筋，并标注标高（图6-15）。

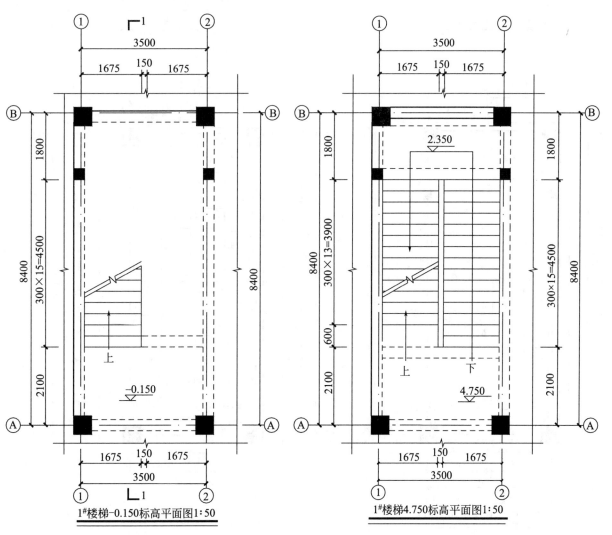

图6-14

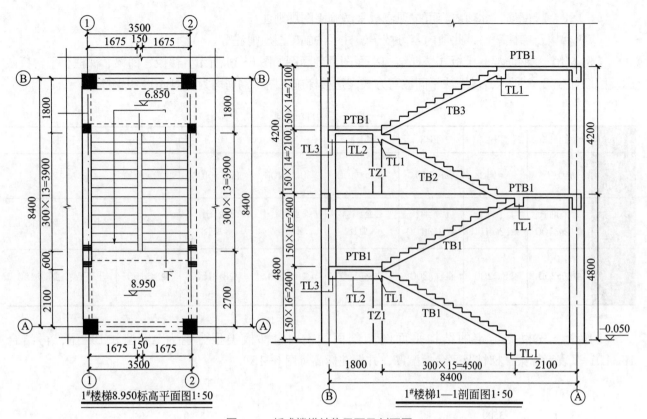

图 6-14　板式楼梯结构平面及剖面图

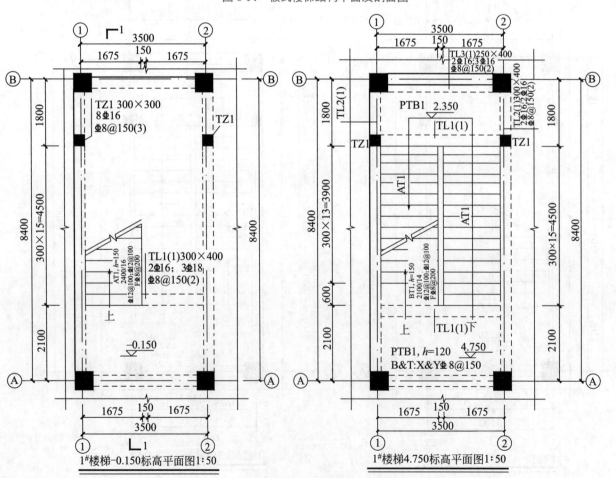

图 6-15

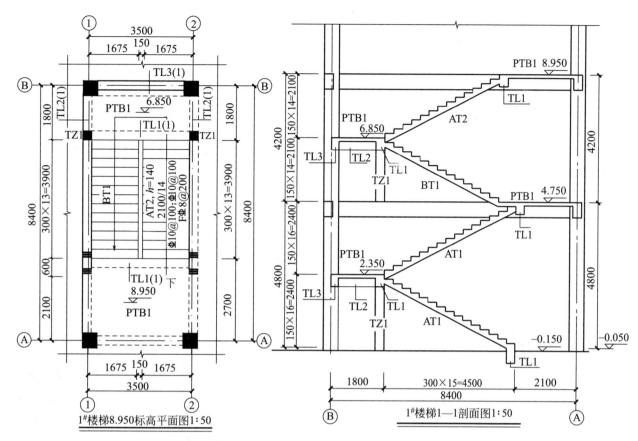

图 6-15　板式楼梯平法施工图（平面注写）

第三节 ▶ 剖面注写方式

现浇混凝土板式楼梯平法施工图中剖面注写方式是把梯板编号、截面和配筋等内容注写在楼梯剖面图上的一种表达方式。工程中，楼梯剖面较复杂，用平面注写方式不能完整表达设计意图时，可选用剖面注写方式。剖面注写方式需在楼梯平法施工图中绘制楼梯平面布置图和楼梯剖面图，注写方式分平面注写和剖面注写两部分。

一、楼梯平面布置图注写内容

剖面注写方式中，楼梯平面布置图中注写的内容，包括楼梯间的平面尺寸、楼层结构标高、层间结构标高、楼梯的上下方向、梯板的平面几何尺寸、梯板类型及编号、平台板配筋、梯梁及梯柱配筋等。

（1）楼梯间的平面尺寸，包括楼梯间轴线尺寸（开间、进深尺寸），轴线与楼梯间墙、梁关系等。

（2）楼层结构标高。与层高对应部位楼梯平台结构标高，楼板建筑做法与楼梯间平台板建筑做法厚度不同时，此标高也与楼板结构标高不同。

（3）层间结构标高，层间平台结构标高。

（4）楼梯的上下方向，有顺时针和逆时针上楼梯两个方向。

（5）梯板的平面几何尺寸，包括踏步宽度、踏步平面数、楼层平台和层间平台宽度、楼层平板和层间平板长度、梯板宽度、缝宽（梯井宽度）尺寸。

（6）梯板类型及编号。

153

第六章　钢筋混凝土楼梯施工图平面表示法解读

（7）平台板配筋，此项按 16G101-1 中楼面板 LB 注写方式注写。

（8）梯梁及梯柱配筋，此项按 16G101-1 中梁 L（或 KL，梯梁支承在梯柱上时按 KL 配筋）和框架柱 KZ 注写方式注写。

二、楼梯剖面图注写内容

剖面注写方式中，楼梯剖面图中注写的内容，包括梯板集中标注、梯梁梯柱编号、梯板水平及竖向尺寸、楼层结构标高、层间结构标高等。

（1）梯板集中标注。梯板集中标注内容有四项：

① 梯板类型及编号，例如 AT×× （如图 6-16 中的 CT1、DT1 等）。

② 梯板厚度，注写为 h=×××。当梯板由踏步段和平板构成，且踏步段梯板厚度和平板厚度不同时，可在梯板厚度后面括号内以字母 P 打头注写平板厚度，如 h=120（P130）表示梯段板厚度为 120mm，梯板平板段的厚度为 130mm。

③ 梯板配筋。注明梯板上部纵筋和下部纵筋，用 "；" 将上部与下部纵筋的配筋值分隔开来（如图 6-17 中的 DT1 梯板 ⏀10@200； ⏀12@200）。

④ 梯板分布筋，以 F 打头注写分布钢筋具体值，该项也可在图中统一说明（如图 6-17 中的 F ⏀8@250）。

（2）梯梁梯柱编号，如图 6-17 中的 TL1。

二维码 6-4

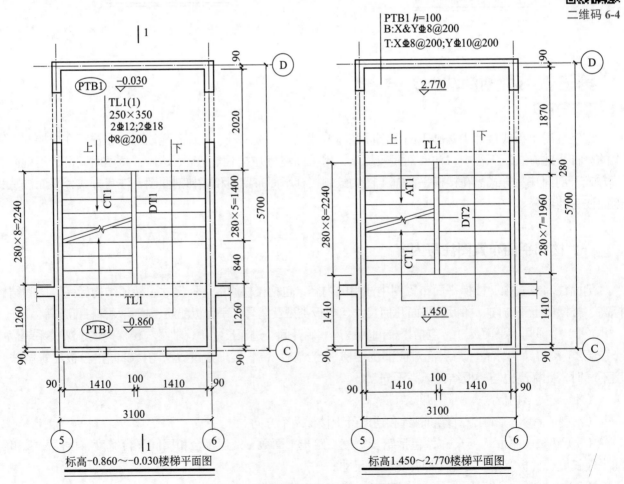

图 6-16　楼梯剖面注写示例（平面图）

（3）梯板水平及竖向尺寸，如图 6-17 中的 CT2 梯板水平尺寸 280×7=1960 及竖向尺寸 1320/8。

（4）楼层结构标高，如图 6-17 中的 -0.030、2.770、5.570 等标高。

（5）层间结构标高，如图 6-17 中的 -0.860、1.450、4.250 等标高。

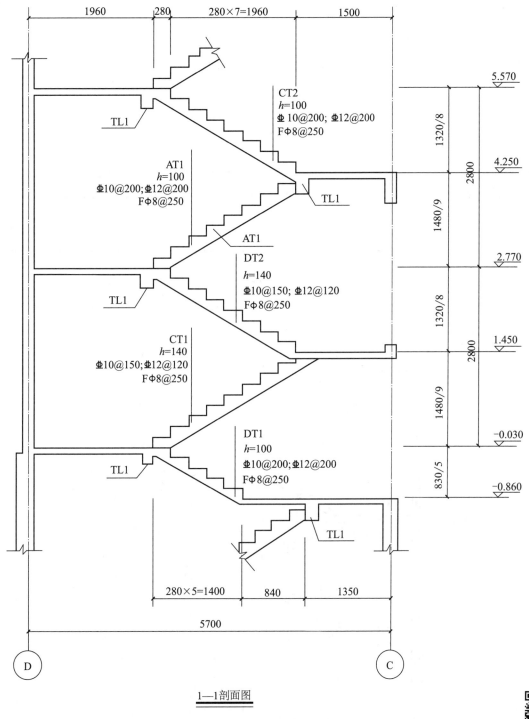

1—1剖面图

图 6-17　楼梯剖面注写示例（剖面图）

二维码 6-5

楼梯平法施工图平面注写方式与剖面注写方式的区别在于，平面注写方式中，当楼梯剖面较简单，用平面图结合标高能够表达清楚时，可不绘制楼梯剖面图；但当楼梯剖面较复杂，单凭平面图不能完全表达设计意图时，应绘制楼梯剖面图来补充表达，保证施工图的完整性。但在剖面注写方式中，除了绘制楼梯平面图以外，必须绘制楼梯剖面图，把平面注写方式中平面图上梯板集中标注的内容注写在剖面注写方式中的楼梯梯板剖面图上。

二维码 6-6

第四节 ▶ 列表注写方式

列表注写方式是用列表方式在楼梯剖面图上注写梯板截面尺寸和配筋具体数值来表达楼梯施工图的方法。列表注写方式的具体要求同剖面注写方式，也需在楼梯平法施工图中绘制楼梯平面布置图和楼梯剖面图，仅将剖面图中梯板集中标注项改为列表注写项即可。

梯板列表格式如表 6-4 所示。

表 6-4　梯板列表格式

梯板编号	踏步段总高度 / 踏步级数	板厚 h	上部纵向钢筋	下部纵向钢筋	分布筋

【例 6-2】 前面用楼梯剖面方式绘制的楼梯实例，若用列表注写方式，如何绘制？

【解】 首先同样需要绘制楼梯平面布置图，同图 6-16，然后绘制楼梯剖面图，如图 6-18 所示，梯段几何参数及配筋则用列表的方式表达，如表 6-5 所示。

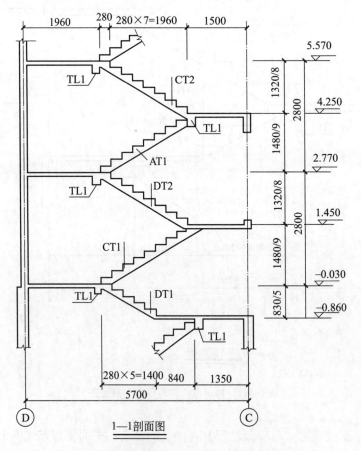

图 6-18　楼梯列表注写示例（剖面图）

表 6-5 梯板配筋表

梯板编号	踏步段总高度（mm）/踏步级数	板厚 h/mm	上部纵向钢筋	下部纵向钢筋	分布筋
DT1	830/5	100	Φ10@200	Φ12@200	Φ8@250
CT1	1480/9	140	Φ10@150	Φ12@120	Φ8@250
DT2	1320/8	140	Φ10@150	Φ12@120	Φ8@250
AT1	1480/9	100	Φ10@200	Φ12@200	Φ8@250
CT2	1320/8	100	Φ10@200	Φ12@200	Φ8@250

第五节 ▶ 现浇混凝土板式楼梯平法施工图构造

现浇混凝土板式楼梯平法施工图与标准构造详图结合构成完整的结构设计施工图，在施工图中只绘制楼梯的平法施工图，不必绘制具体构造做法，标准图集 16G101-2《混凝土结构施工图平面整体表示方法制图规则和构造详图》（现浇混凝土板式楼梯）部分中已经给出了各类型现浇混凝土板式楼梯的构造做法，施工过程中需要对照使用。下面介绍几种常见类型现浇混凝土板式楼梯的构造便于理解。

一、梯板配筋构造

1.AT～ET 型楼梯梯板配筋构造

二维码 6-7

（1）AT 型楼梯梯板配筋构造。

① AT 型楼梯梯板支座端上部纵向钢筋与梯板下部纵向钢筋大小由设计确定。

② AT 型楼梯梯板支座端上部纵向钢筋自低端梯梁或高端梯梁支座边缘向跨内延伸的水平投影长度应满足 $\geq l_n/4$（l_n 为梯板跨度，如图 6-19、图 6-20 所示）。

③ AT 型楼梯梯板支座端上部纵向钢筋在低端梯梁内的直段锚固长度，按铰接设计时，应满足 $\geq 0.35l_{ab}$，考虑充分发挥钢筋抗拉强度时，应满足 $\geq 0.6l_{ab}$，弯折段长度为 15d（d 为支座端上部纵向钢筋直径，如图 6-19 所示）；在高端梯梁内的直段锚固长度，按铰接设计时，应满足 $\geq 0.35l_{ab}$，考虑充分发挥钢筋抗拉强度时，应满足 $\geq 0.6l_{ab}$，弯折段长度为 15d（d 为支座端上部纵向钢筋直径），当上部纵向钢筋锚入平台板时，锚入长度应满足 $\geq l_a$（如图 6-20 所示）。是否按铰接设计或是否考虑充分发挥钢筋抗拉强度，应在具体工程设计图纸中做出说明，施工时按说明进行钢筋下料。

④ AT 型楼梯梯板下部纵向钢筋在低端梯梁及高端梯梁内的锚固长度均应满足 $\geq 5d$（d 为梯板下部纵向钢筋直径）且至少伸过支座中心线（如图 6-19、图 6-20 所示）。

无平板的 AT 型楼梯是工程中较常见的一种楼梯，AT 型楼梯梯板完整的配筋构造如图 6-21 所示。

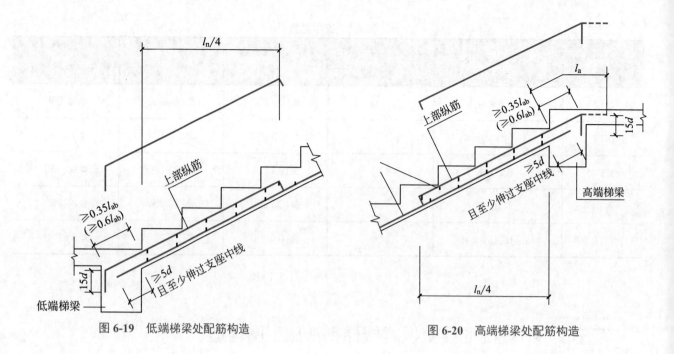

图 6-19 低端梯梁处配筋构造　　　　　　　　图 6-20 高端梯梁处配筋构造

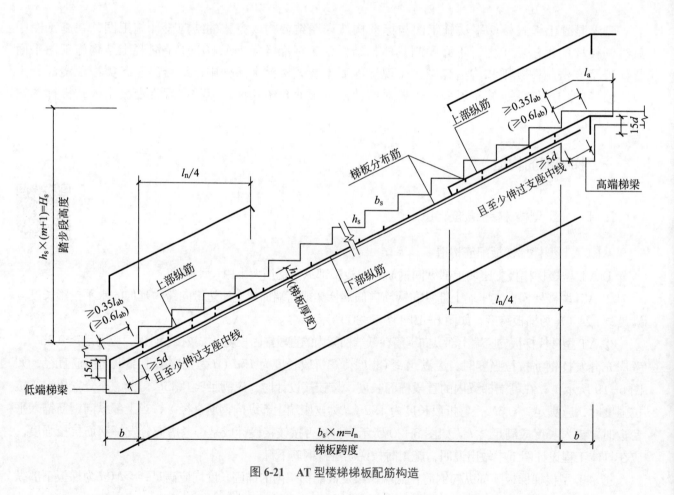

图 6-21 AT 型楼梯梯板配筋构造

（2）BT、CT、DT 型楼梯梯板配筋构造。

① BT、CT、DT 型楼梯梯板低端平板及高端平板处支座端上部纵向钢筋与梯板下部纵向钢筋大小由设计确定。

② BT、CT、DT 型楼梯梯板支座端上部纵向钢筋自低端梯梁或高端梯梁支座边缘向跨内延伸的水平投影长度应满足 $\geq l_n/4$（l_n 为梯板跨度），自低端平板踏步段边缘伸入踏步段的水平投影长度应满足 $l_{sn}/5$（l_{sn} 为踏步段水平净长，如图 6-22 所示），自高端平板踏步段边缘伸入踏步段的水平投影长度取 $l_{sn}/5$（如图 6-23 所示）。

③ BT 型楼梯梯板支座端上部纵向钢筋在低端梯梁内的直段锚固长度，按铰接设计时，应满足 $\geq 0.35l_{ab}$，考虑充分发挥钢筋抗拉强度时，应满足 $\geq 0.6l_{ab}$，弯折段长度为 $15d$（d 为支座端上部纵向钢筋直径，如图 6-22 所示）；在高端梯梁内的锚固同 AT 型楼梯梯板。

④ CT 型楼梯梯板支座端上部纵向钢筋在低端梯梁内的锚固同 AT 型楼梯梯板；在高端梯梁内的直段锚固长度，按铰接设计时，应满足 $\geq 0.35l_{ab}$，考虑充分发挥钢筋抗拉强度时，应满足 $\geq 0.6l_{ab}$，弯折段长度为 $15d$（d 为支座端上部纵向钢筋直径），锚入平台板时，应满足 $\geq l_a$（如图 6-23 所示）。

⑤ DT 型楼梯梯板支座端上部纵向钢筋在低端梯梁内的锚固同 BT 型楼梯梯板；在高端梯梁内的锚固同 CT 型楼梯梯板。

⑥ BT、CT、DT 型楼梯梯板下部纵向钢筋在低端梯梁及高端梯梁内的锚固长度均应满足 $\geq 5d$（d 为梯板下部纵向钢筋直径）且至少伸过支座中心线（如图 6-22、图 6-23 所示）。

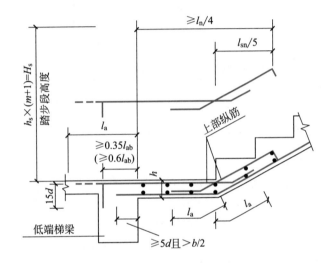

图 6-22　低端平板钢筋构造

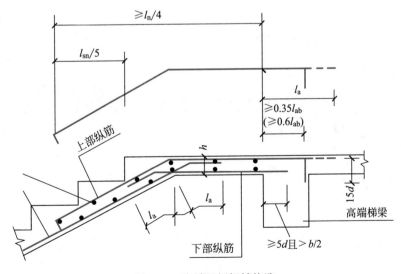

图 6-23　高端平板钢筋构造

有平板的 BT、CT、DT 型楼梯也是工程中常见的楼梯，下面选择 DT 型楼梯展示其完整的配筋构造供读者参考（如图 6-24 所示）。

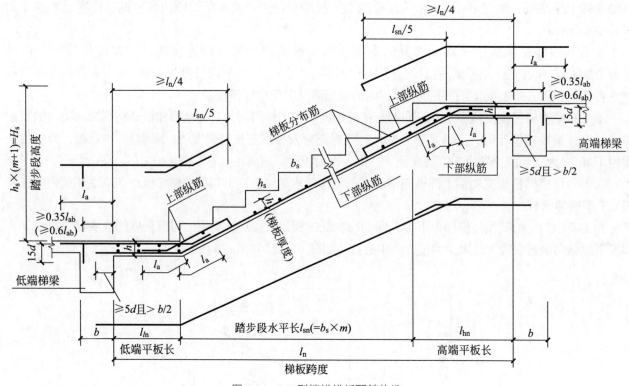

图 6-24　DT 型楼梯梯板配筋构造

（3）ET 型楼梯梯板配筋构造。

① ET 型楼梯梯板低端踏步段、高端踏步段及中位平板上部和下部纵向钢筋大小由设计确定。

② ET 型楼梯梯板低端踏步段、高端踏步段及中位平板上部和下部纵向钢筋均通长设置。

③ ET 型楼梯梯板支座端上部纵向钢筋和下部纵向钢筋在楼层梯梁内的锚固长度同 AT 型楼梯。

④ ET 型楼梯梯板中位平板上部纵向钢筋在高端踏步段内的锚固长度，应满足 $\geq l_a$，下部纵向钢筋在低端踏步段内的锚固长度，应满足 $\geq l_a$（如图 6-25 所示）。

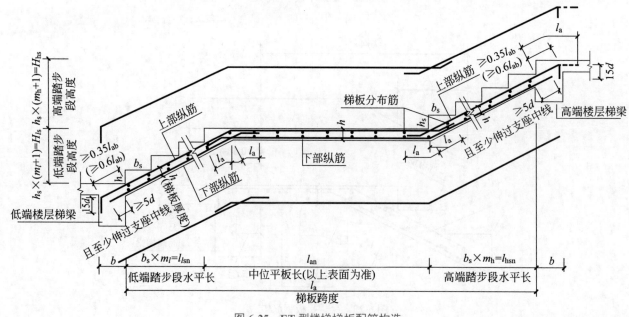

图 6-25　ET 型楼梯梯板配筋构造

平法解读与应用　第二版

⑤ ET 型楼梯低端踏步段下部纵向钢筋在中位平板内的锚固长度，应满足 $\geq l_a$，高端踏步段上部纵向钢筋在中位平板内的锚固长度，应满足 $\geq l_a$（如图 6-25 所示）。

2.FT、GT 型楼梯梯板配筋构造

（1）FT、GT 型楼梯梯板楼层和层间平板下部和上部配筋均由设计确定。

（2）FT、GT 型楼梯梯板支座上部纵向钢筋构造规定如下：

① FT 型楼梯梯板。楼层平板（低端或高端）支座上部纵向钢筋自梯梁边缘伸入梯板内的水平投影长度应满足 $\geq l_n/4$（l_n 为梯板跨度），自踏步段边缘伸入踏步段内的长度取 $l_{sn}/5$（l_{sn} 为踏步段水平净长度，如图 6-26 所示）；其层间平板支座上部纵向钢筋自梯梁边缘伸入梯板内的水平投影长度应满足 $\geq l_n/4$（l_n 为梯板跨度），自踏步段边缘伸入踏步段内的长度取 $l_{sn}/5$（如图 6-27 所示）。当梯板厚度 $h \geq 150mm$ 时，支座上部纵向钢筋应通长设置。

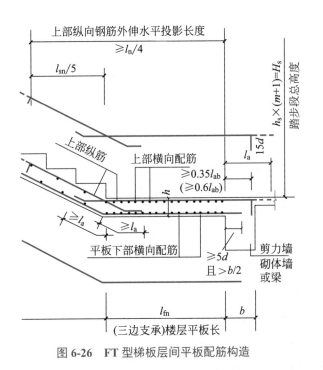

图 6-26　FT 型梯板层间平板配筋构造　　　　图 6-27　FT 型梯板楼层平板配筋构造

② GT 型楼梯梯板。支座上部纵向钢筋自楼层梯梁边缘伸入梯板内的水平投影长度应满足 $\geq l_n/4$（l_n 为梯板跨度），如图 6-28 所示；其层间平板支座上部纵向钢筋自层间梁（或剪力墙或砌体墙）边缘伸入梯板内的水平投影长度应满足 $\geq l_n/4$（l_n 为梯板跨度），自踏步段边缘伸入踏步段内的长度应取 $l_{sn}/5$（l_{sn} 为踏步段水平净长度），如图 6-29 所示。当梯板厚度 $h \geq 150mm$ 时，支座上部纵向钢筋应通长设置。

（3）FT、GT 型楼梯梯板支座上部纵向钢筋在楼层梯梁和层间梯梁内的直段锚固长度，按铰接设计时，应满足 $\geq 0.35l_{ab}$，考虑充分发挥钢筋抗拉强度时，应满足 $\geq 0.6l_{ab}$，上部纵向钢筋需伸至支座边缘再向下弯折，弯折段长度为 $15d$（d 为支座端上部纵向钢筋直径），上部纵筋有条件时，也可直接伸入平台板内锚固，从支座边算起总锚固长度不小于 l_a，如图 6-26 中虚线所示。

（4）FT、GT 型楼梯梯板下部纵向钢筋在楼层梯梁和层间梯梁内的锚固长度均应满足 $\geq 5d$，且 $> b/2$（d 为梯板下部纵向钢筋直径，b 为梯梁宽度），如图 6-26～图 6-29 所示。

（5）FT、GT 型楼梯梯板折板处纵向钢筋锚固长度，应满足 $\geq l_a$（如图 6-26、图 6-27、图 6-29 所示）。

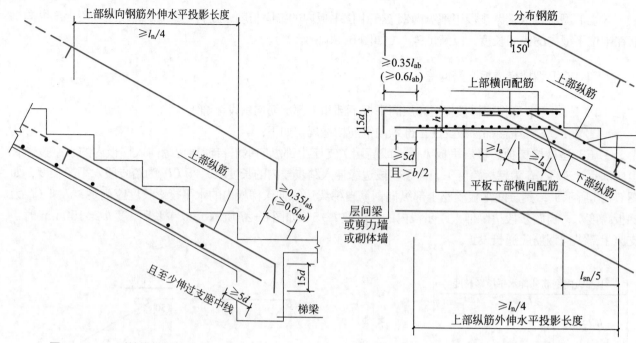

图 6-28 GT 型楼梯梯板楼层梯梁配筋构造

图 6-29 GT 型楼梯梯板层间平板配筋构造

3.FT、GT 型楼梯层间平板配筋构造

FT、GT 型楼梯层间平板均为三边支承板，应在其层间平板横向（平板宽度方向）设置受力钢筋。此方向受力钢筋包括平板下部横向钢筋和上部横向钢筋，上部横向钢筋可采用横向钢筋加分布筋的分离式配筋方式和横向钢筋通长配筋的方式，当平板宽度较大时可采用前一种配筋方式，当平板宽度较小时可采用后一种配筋方式（如图 6-30、图 6-31 所示）。

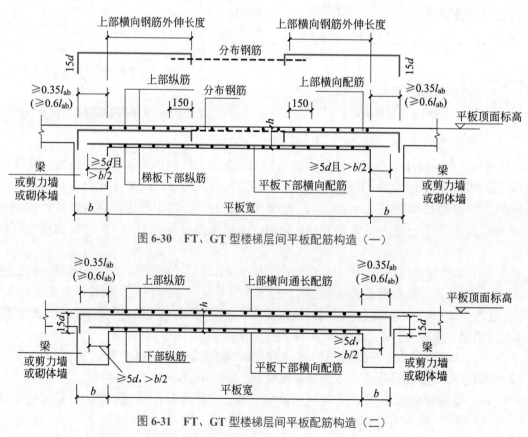

图 6-30 FT、GT 型楼梯层间平板配筋构造（一）

图 6-31 FT、GT 型楼梯层间平板配筋构造（二）

下面选取 GT 型楼梯梯板的完整配筋构造，供读者参考（如图 6-32、图 6-33 所示）。

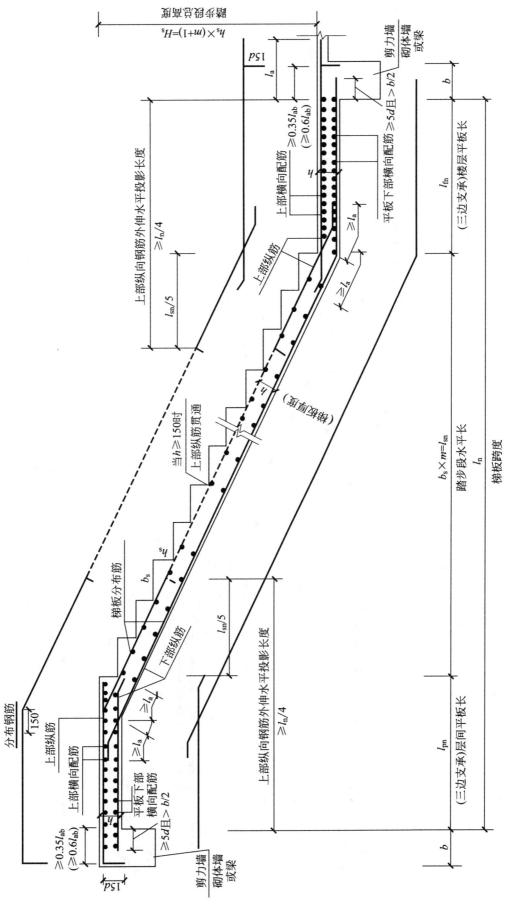

图 6-32　GT 型楼梯梯板配筋构造（一）

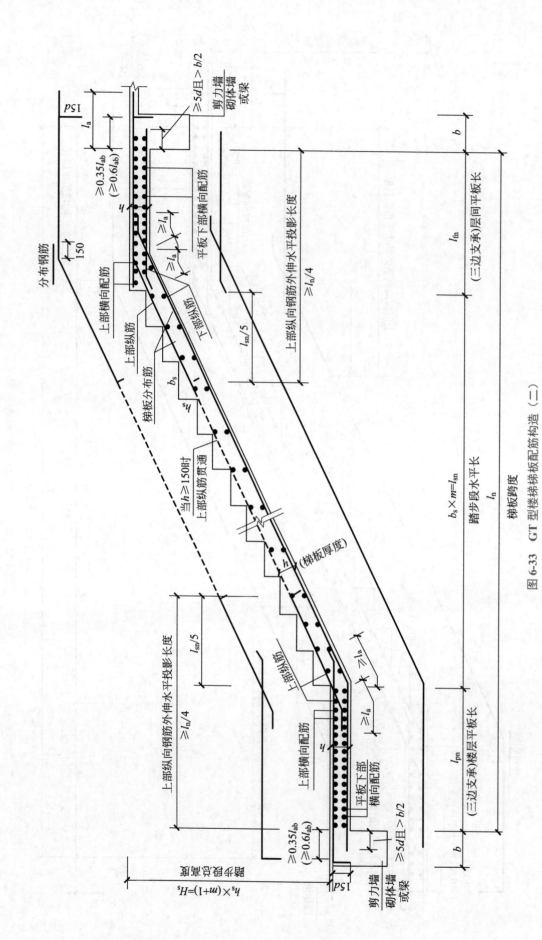

图 6-33 GT 型楼梯梯板配筋构造（二）

平法解读与应用　第二版

4.ATa、ATb、ATc 型楼梯梯板配筋构造

（1）ATa、ATb 型楼梯梯板采用双层双向配筋，纵向设置受力钢筋，横向设置分布钢筋，大小由设计确定。梯板两侧设置附加纵筋 2Φ16，且不小于梯板纵向受力钢筋直径（如图 6-34 所示）。

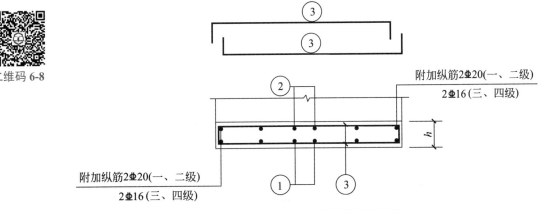

图 6-34　ATa、ATb 型楼梯梯板剖面

（2）ATc 型楼梯梯板采用双层双向配筋，纵向设置受力钢筋，横向设置分布钢筋，大小由设计确定。梯板两侧 1.5h（h 为梯板厚度）范围内设置边缘构件（暗梁），边缘构件纵筋数量当抗震等级为一、二级时不少于 6 根，当抗震等级为三、四级时不少于 4 根；纵筋直径不小于 Φ12 且不小于梯板纵向受力钢筋的直径；箍筋直径不小于 Φ6，间距不大于 200mm；梯板非边缘构件部位设置拉结筋 Φ6@600（如图 6-35 所示）。

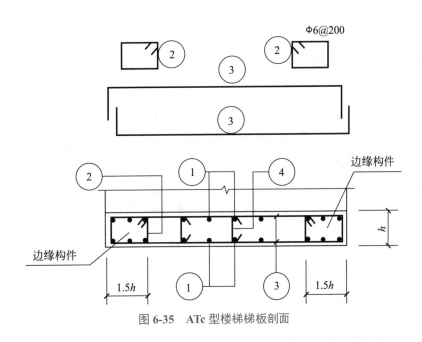

图 6-35　ATc 型楼梯梯板剖面

（3）ATa、ATb 型楼梯低端梯梁支座为滑动支座，滑动支座端纵筋应全部伸入第一踏步内另一端（如图 6-36、图 6-37 所示），高端梯梁内的锚固长度应满足 $\geqslant l_{aE}$（如图 6-39 所示）。ATc 型楼梯纵向钢筋在低端梯梁内的直段锚固长度应满足 $\geqslant 0.6l_{abE}$，弯折段长度为 15d（d 为支座端上部纵向钢筋直径，如图 6-38 所示）；纵筋在高端梯梁内的锚固长度应满足 $\geqslant l_{aE}$（如图 6-39 所示）。

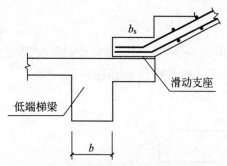

图 6-36 ATa 型楼梯梯板滑动支座端

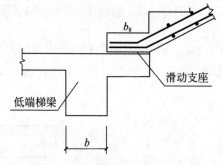

图 6-37 ATb 型楼梯梯板滑动支座端

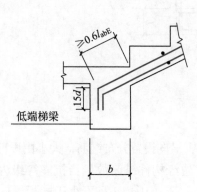

图 6-38 ATc 型楼梯梯板低端梯梁

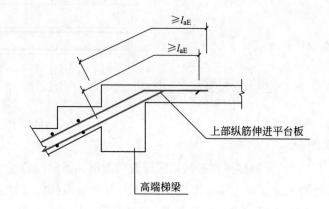

图 6-39 ATa、ATb、ATc 型楼梯梯板高端梯梁端

5.CTa、CTb 型楼梯梯板配筋构造

（1）CTa、CTb 型楼梯梯板采用双层双向配筋，纵向设置受力钢筋，横向设置分布钢筋，大小由设计确定。梯板两侧设置附加纵筋 2Φ16，且不小于梯板纵向受力钢筋直径（如图 6-40 所示）。

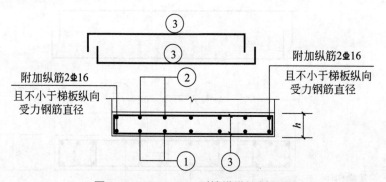

图 6-40 CTa、CTb 型楼梯梯板剖面图

（2）CTa、CTb 型楼梯低端梯梁支座为滑动支座，滑动支座端纵筋应全部伸入第一踏步内另一端，分别同 ATa、ATb 型楼梯（如图 6-36、图 6-37 所示），上部纵筋在高端梯梁内直锚时，锚固长度应满足 $\geq l_{aE}$，弯折锚时，直段锚固长度应满足 $\geq 0.6l_{abE}$，弯折段长度为 15d（d 为支座端上部纵向钢筋直径，如图 6-41 所示）。

（3）CTa、CTb 型楼梯梯板高端平板内下部纵向钢筋在高端平板内的锚固长度应满足 $\geq l_{aE}$，附加下部纵筋在踏步段内的锚固长度应满足 $\geq l_{aE}$，附加下部纵筋在高端梯梁内的锚固长度应满足 $\geq 5d$ 且 $>b/2$（d 为梯板下部纵向钢筋直径，b 为梯梁宽度），如图 6-41 所示。

平法解读与应用 第二版

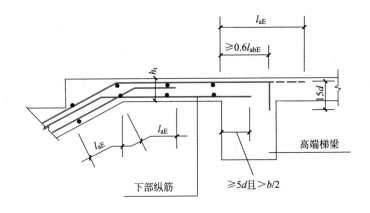

图 6-41 CTa、CTb 型楼梯梯板高端梯梁

6. 楼梯滑动支座构造

ATa、CTa 型楼梯低端设滑动支座支承在梯梁上，ATb、CTb 型楼梯低端设滑动支座支承在挑板上，滑动支座滑动接触面垫板可选用聚四氟乙烯板、钢板和厚度大于等于 0.5mm 的塑料片，也可选用其他能保证有效滑动的材料，采用何种做法应由设计指定。

（1）ATa、CTa 型楼梯滑动支座构造如图 6-42 所示。

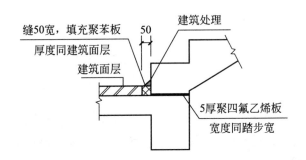

(a) 设聚四氟乙烯垫板(用胶黏于混凝土面上)

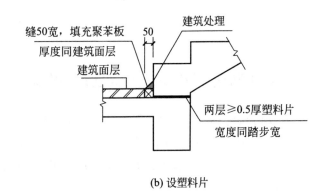

(b) 设塑料片

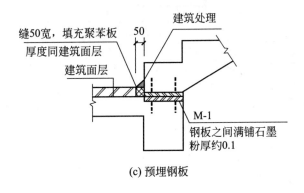

(c) 预埋钢板

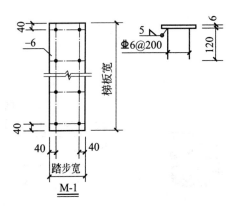

图 6-42 ATa、CTa 型楼梯滑动支座构造详图

（2）ATb、CTb 型楼梯滑动支座构造如图 6-43 所示。

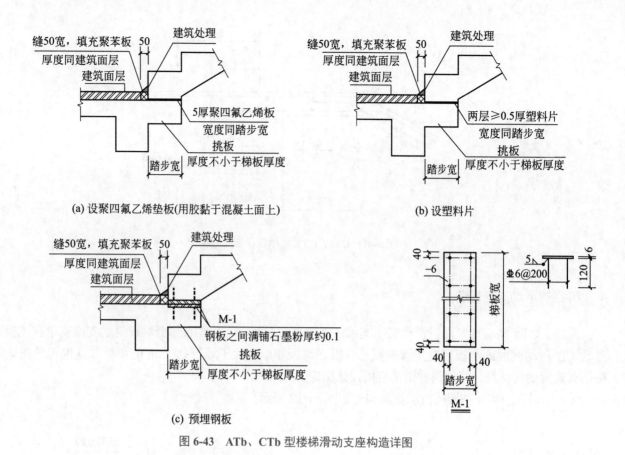

(a) 设聚四氟乙烯垫板(用胶黏于混凝土面上)　　(b) 设塑料片

(c) 预埋钢板

图 6-43　ATb、CTb 型楼梯滑动支座构造详图

二、不同踏步位置推高与高度减小构造

在实际楼梯施工中，由于踏步段上下两端板的建筑面层厚度不同，为使面层完工后各级踏步等高等宽，必须减小最上一级踏步的高度并将其余踏步整体斜向推高，整体推高的（垂直）高度值 $\delta_1=\Delta_1-\Delta_2$，高度减小后的最上一级踏步高度 $h_{s2}=h_s-(\Delta_3-\Delta_2)$（如图 6-44 所示）。

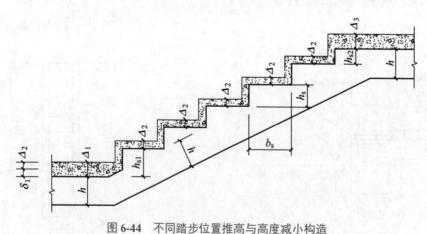

二维码 6-9

图 6-44　不同踏步位置推高与高度减小构造

图 6-44 中，δ_1 为第一级与中间各级踏步整体竖向推高值；h_{s1} 为第一级（推高后）踏步的结构高度；h_{s2} 为最上一级（减小后）踏步的结构高度；Δ_1 为第一级踏步根部面层厚度；Δ_2 为中间各级踏步的面层厚度；Δ_3 为最上一级踏步（板）面层厚度。

平法解读与应用　第二版

三、楼梯与基础连接构造

楼梯第一跑梯段一般与砌体基础、地梁或钢筋混凝土基础底板相连。各型楼梯第一跑梯段与基础连接构造如图 6-45～图 6-48 所示。

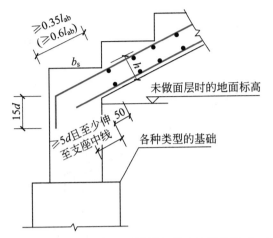

图 6-45　各型楼梯第一跑梯段与基础连接构造（一）

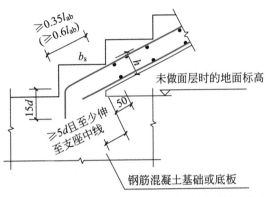

图 6-46　各型楼梯第一跑梯段与基础连接构造（二）

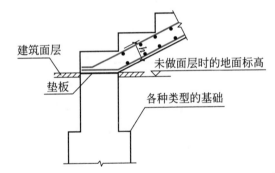

图 6-47　各型楼梯第一跑梯段与基础连接构造（三）

（用于滑动支座）

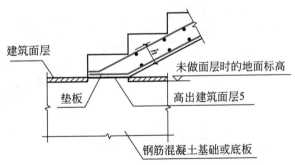

图 6-48　各型楼梯第一跑梯段与基础连接构造（四）

（用于滑动支座）

【例 6-3】　绘制【例 6-1】楼梯平法施工图中 AT1、BT1、TL1、TL2、TL3、TZ1、PTB1 的配筋详图。楼梯混凝土强度等级为 C30，一类环境，楼梯构件抗震等级为二级。

【解】　（1）根据 16G101-2 图集中 AT 型 BT 型楼梯梯板配筋构造绘制 AT1 和 BT1 的配筋详图（图 6-49）。

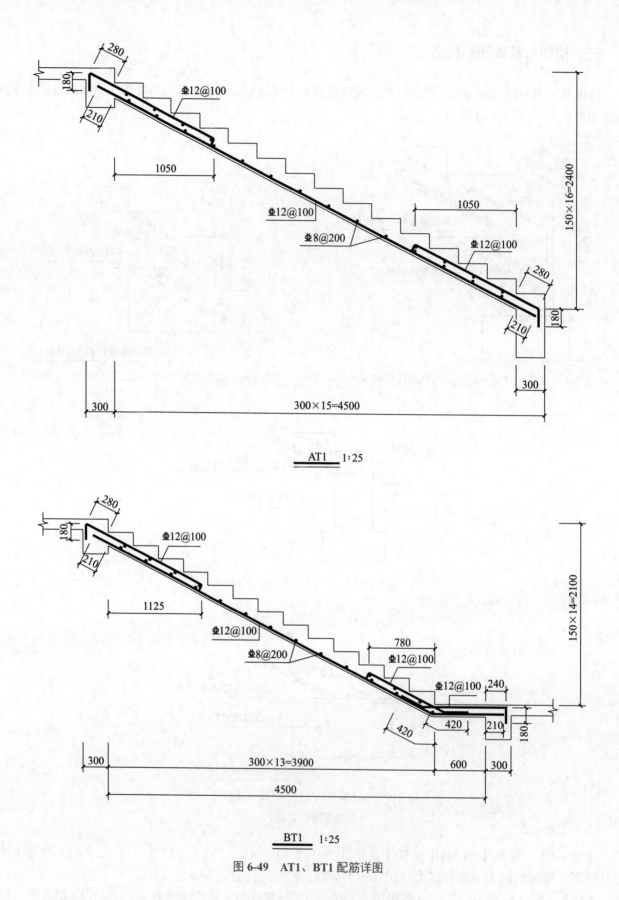

图 6-49　AT1、BT1 配筋详图

（2）根据 16G101-1 图集中非框架梁配筋构造绘制 TL1 的配筋详图（图 6-50）。

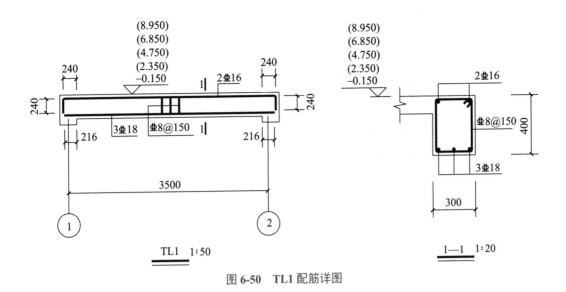

图 6-50 TL1 配筋详图

（3）根据 16G101-1 图集中框架梁配筋构造绘制 TL2、TL3 的配筋详图（图 6-51）。

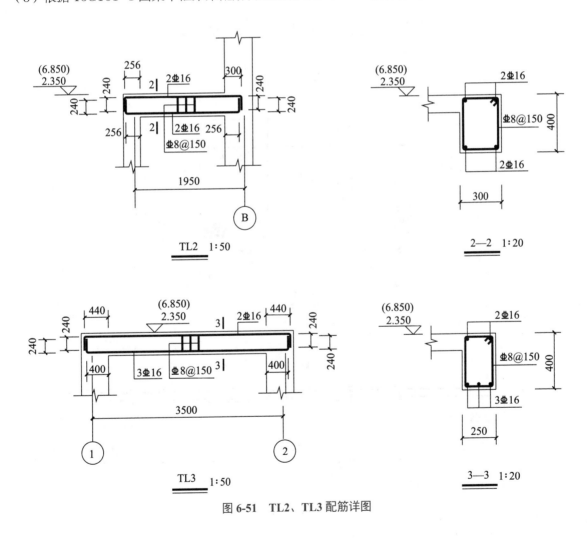

图 6-51 TL2、TL3 配筋详图

（4）根据 16G101-1 图集中梁上柱配筋构造绘制 TZ1 的配筋详图（图 6-52）。

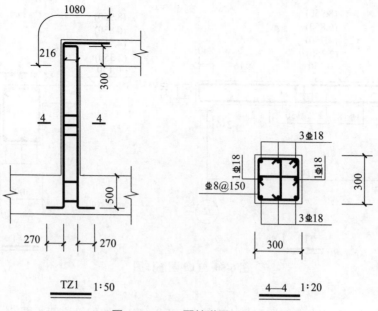

TZ1 1:50

4—4 1:20

图 6-52 TZ1 配筋详图（一）

（5）根据 16G101-1 图集中有梁楼板配筋构造绘制 TZ1 的配筋详图（图 6-53）。

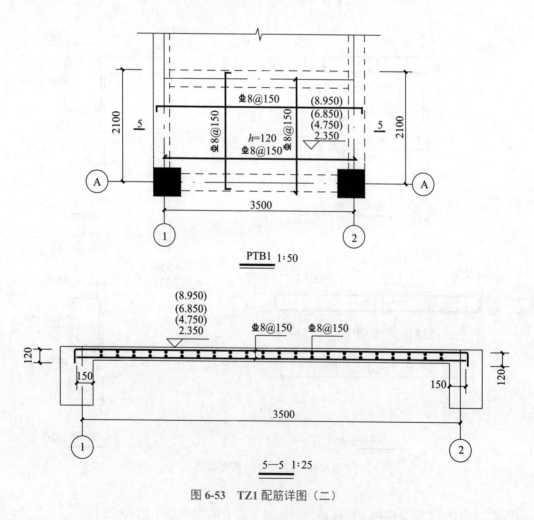

PTB1 1:50

5—5 1:25

图 6-53 TZ1 配筋详图（二）

楼梯平法施工图要结合《混凝土结构施工图平面整体表示方法制图规则和构造详图（现浇混凝土框架、

剪力墙、梁、板）》（16G101-1）和《混凝土结构施工图平面整体表示方法制图规则和构造详图（现浇混凝土板式楼梯）》（16G101-2）部分中的相关构造及环境类别等条件进行施工。施工时，结合表 6-6～表 6-11 进行钢筋下料计算。

表 6-6 受拉钢筋基本锚固长度 l_{ab}

钢筋种类	混凝土强度等级								
	C20	C25	C30	C35	C40	C45	C50	C55	≥ C60
HPB300	39d	34d	30d	28d	25d	24d	23d	22d	21d
HRB335	38d	33d	29d	27d	25d	23d	22d	21d	21d
HRB400 HRBF400 RRB400	—	40d	35d	32d	29d	29d	27d	26d	25d
HRB500 HRBF500	—	48d	43d	39d	36d	34d	32d	31d	30d

表 6-7 抗震设计时受拉钢筋基本锚固长度 l_{abE}

钢筋种类	抗震等级	混凝土强度等级								
		C20	C25	C30	C35	C40	C45	C50	C55	≥ C60
HPB300	一、二级	45d	39d	35d	32d	29d	28d	26d	25d	24d
	三级	41d	36d	32d	26d	26d	25d	24d	23d	22d
HRB335	一、二级	44d	38d	33d	31d	29d	26d	25d	24d	24d
	三级	40d	35d	31d	28d	26d	24d	23d	22d	22d
HRB400 HRBF400	一、二级	—	46d	40d	37d	33d	32d	31d	30d	29d
	三级	—	42d	37d	34d	30d	29d	28d	27d	26d
HRB500 HRBF500	一、二级	—	55d	49d	45d	41d	39d	37d	36d	35d
	三级	—	50d	45d	41d	38d	36d	34d	33d	32d

注：1. 四级抗震时 $l_{abE}=l_{ab}$。

2. 当锚固钢筋的保护层厚度不大于 5d 时，锚固钢筋长度范围内应设置横向构造钢筋，其直径不应小于 d/4（d 为锚固钢筋的最大直径）；对梁、柱等构件间距不应大于 5d，对板、墙等构件间距不应大于 10d，且均不应大于 100mm（d 为锚固钢筋的最小直径）。

表 6-8 受拉钢筋锚固长度 l_a

混凝土强度等级

钢筋种类	C20	C25		C30		C35		C40		C45		C50		C55		≥C60	
	d≤25	d≤25	d>25	d≤25	d>25	d≤25	d>25	d≤25	d>25	d≤25	d>25	d≤25	d>25	d≤25	d>25	d≤25	d>25
HPB300	39d	34d	—	30d	—	28d	—	25d	—	24d	—	23d	—	22d	—	21d	—
HRB335	38d	33d	—	29d	—	27d	—	25d	—	23d	—	22d	—	21d	—	21d	—
HRB400 HRBF400 RRB400	—	40d	44d	35d	39d	32d	35d	29d	32d	28d	31d	27d	30d	26d	29d	25d	28d
HRB500 HRBF500	—	48d	53d	43d	47d	39d	43d	36d	40d	34d	37d	32d	35d	31d	34d	30d	33d

表 6-9 受拉钢筋抗震锚固长度 l_{aE}

混凝土强度等级

钢筋种类及抗震等级		C20	C25		C30		C35		C40		C45		C50		C55		≥C60	
		d≤25	d≤25	d>25	d≤25	d>25	d≤25	d>25	d≤25	d>25	d≤25	d>25	d≤25	d>25	d≤25	d>25	d≤25	d>25
HPB300	一、二级	45d	39d	—	35d	—	32d	—	29d	—	28d	—	26d	—	25d	—	24d	—
	三级	41d	36d	—	32d	—	29d	—	26d	—	25d	—	24d	—	23d	—	22d	—
HRB335	一、二级	44d	38d	—	33d	—	31d	—	29d	—	26d	—	25d	—	24d	—	24d	—
	三级	40d	35d	—	30d	—	28d	—	26d	—	24d	—	23d	—	22d	—	22d	—
HRB400 HRBF400 RRB400	一、二级	—	46d	51d	40d	45d	37d	40d	33d	37d	32d	36d	31d	35d	30d	33d	29d	32d
	三级	—	42d	46d	37d	41d	34d	37d	30d	34d	29d	33d	28d	32d	27d	30d	26d	29d
HRB500 HRBF500	一、二级	—	55d	61d	49d	54d	45d	49d	41d	46d	39d	43d	37d	40d	36d	39d	35d	38d
	三级	—	50d	56d	45d	49d	41d	45d	38d	42d	36d	39d	34d	37d	33d	36d	32d	35d

注：1. 当为环氧树脂涂层带肋钢筋时，表中数据尚应乘以1.25。

2. 当纵向受拉钢筋在施工过程中易受扰动时，表中数据尚应乘以1.1。

3. 当锚固长度范围内纵向受力钢筋周边保护层厚度为3d、5d（d为锚固钢筋的直径）时，表中数据可分别乘以0.8、0.7；中间时按内插值。

4. 当纵向受拉普通钢筋锚固长度修正系数（注1~3）多于一项时，可按连乘计算。

5. 受拉钢筋的锚固长度 l_a、l_{aE} 计算值不应小于200mm。

6. 四级抗震时，$l_{aE}=l_a$。

7. 当锚固钢筋的保护层厚度不大于5d时，锚固钢筋长度范围内应设置横向构造钢筋，其直径不应小于d/4（d为锚固钢筋的最大直径）；对梁、柱等构件间距不应大于5d，对板、墙等构件间距不应大于10d，且均不应大于100mm（d为锚固钢筋的最小直径）。

8. HPB300级钢筋末端应做180°弯钩，做法详见16G101图集第18页。

表 6-10　纵向受拉钢筋搭接长度 l_l

钢筋种类及同一区段内搭接钢筋面积百分率		混凝土强度等级																
		C20	C25		C30		C35		C40		C45		C50		C55		C60	
		d≤25	d≤25	d>25	d≤25	d>25	d≤25	d>25	d≤25	d>25	d≤25	d>25	d≤25	d>25	d≤25	d>25	d≤25	d>25
HPB300	≤25%	47d	41d	—	36d	—	34d	—	30d	—	29d	—	28d	—	26d	—	25d	—
	50%	55d	48d	—	42d	—	39d	—	35d	—	34d	—	32d	—	31d	—	29d	—
	100%	62d	54d	—	48d	—	45d	—	40d	—	38d	—	37d	—	35d	—	34d	—
HRB335	≤25%	46d	40d	—	35d	—	32d	—	30d	—	28d	—	26d	—	25d	—	25d	—
	50%	53d	46d	—	41d	—	38d	—	35d	—	32d	—	31d	—	29d	—	29d	—
	100%	61d	53d	—	46d	—	43d	—	40d	—	37d	—	35d	—	34d	—	34d	—
HRB400 HRBF400 RRB400	≤25%	—	48d	53d	42d	47d	38d	42d	35d	38d	34d	37d	32d	36d	31d	35d	30d	34d
	50%	—	56d	62d	49d	55d	45d	49d	41d	45d	39d	43d	38d	42d	36d	41d	35d	39d
	100%	—	64d	70d	56d	62d	51d	56d	46d	51d	45d	50d	43d	48d	42d	46d	40d	45d
HRB500 HRBF500	≤25%	—	58d	64d	52d	56d	47d	52d	43d	48d	41d	44d	38d	42d	37d	41d	36d	40d
	50%	—	67d	74d	60d	66d	55d	60d	50d	56d	48d	52d	45d	49d	43d	48d	42d	46d
	100%	—	77d	85d	69d	75d	62d	69d	58d	64d	54d	59d	51d	56d	50d	54d	48d	53d

注：1. 表中数值为纵向受拉钢筋绑扎搭接接头的搭接长度。

2. 两根不同直径钢筋搭接时，表中 d 值取较细钢筋直径。

3. 当为环氧树脂涂层带肋钢筋时，表中数据尚应乘以 1.25。

4. 当纵向受拉钢筋在施工过程中易受扰动时，表中数据尚应乘以 1.1。

5. 当搭接长度范围内纵向受力钢筋周边保护层厚度为 3d、5d（d 为搭接钢筋的直径）时，表中数据可分别乘以 0.8、0.7；中间时按内插值。

6. 当上述修正系数（注 3～5）多于一项时，可按连乘计算。

7. 当位于同一连接区段内的钢筋搭接接头百分率为表中数据中间值时，搭接长度可按内插值。

8. 任何情况下，搭接长度不应小于 300mm。

9. HPB300 级钢筋末端应做 180° 弯钩，做法详见 16G101 图集第 18 页。

表 6-11 纵向受拉钢筋抗震搭接长度 l_{lE}

钢筋种类及同一区段内搭接钢筋面积百分率			C20	C25 d≤25	C25 d>25	C30 d≤25	C30 d>25	C35 d≤25	C35 d>25	C40 d≤25	C40 d>25	C45 d≤25	C45 d>25	C50 d≤25	C50 d>25	C55 d≤25	C55 d>25	C60 d≤25	C60 d>25
一、二级抗震等级	HPB300	≤25%	54d	47d	—	42d	—	38d	—	35d	—	34d	—	31d	—	30d	—	29d	—
		50%	63d	55d	—	49d	—	45d	—	41d	—	39d	—	36d	—	35d	—	34d	—
	HRB335	≤25%	53d	46d	—	40d	—	37d	—	35d	—	31d	—	30d	—	29d	—	29d	—
		50%	62d	53d	—	46d	—	43d	—	41d	—	36d	—	35d	—	34d	—	34d	—
	HRB400 HRBF400	≤25%	—	55d	61d	48d	54d	44d	48d	40d	44d	38d	43d	37d	42d	36d	40d	35d	38d
		50%	—	64d	71d	56d	63d	52d	56d	46d	52d	45d	50d	43d	49d	42d	46d	41d	45d
	HRB500 HRBF500	≤25%	—	67d	73d	59d	65d	54d	59d	49d	55d	47d	52d	44d	48d	43d	47d	42d	46d
		50%	—	77d	85d	69d	76d	63d	69d	57d	64d	55d	60d	52d	56d	50d	55d	49d	53d
三级抗震等级	HPB300	≤25%	49d	43d	—	38d	—	35d	—	31d	—	30d	—	29d	—	28d	—	26d	—
		50%	57d	50d	—	45d	—	41d	—	36d	—	35d	—	34d	—	32d	—	31d	—
	HRB335	≤25%	48d	42d	—	36d	—	34d	—	31d	—	29d	—	28d	—	26d	—	26d	—
		50%	56d	49d	—	42d	—	39d	—	36d	—	34d	—	32d	—	31d	—	31d	—
	HRB400 HRBF400	≤25%	—	50d	55d	44d	49d	41d	44d	36d	41d	35d	40d	34d	38d	32d	36d	31d	35d
		50%	—	59d	64d	52d	57d	48d	52d	42d	48d	41d	46d	39d	45d	38d	42d	36d	41d
	HRB500 HRBF500	≤25%	—	60d	67d	54d	59d	49d	54d	46d	50d	43d	47d	41d	44d	40d	43d	38d	42d
		50%	—	70d	78d	63d	69d	57d	63d	53d	59d	50d	55d	48d	52d	46d	50d	45d	49d

注：1. 表中数值为纵向受拉钢筋绑扎搭接接头的搭接长度。
2. 两根不同直径钢筋搭接时，表中 d 值取较细钢筋直径。
3. 当为环氧树脂涂层带肋钢筋时，表中数据尚应乘以1.25。
4. 当纵向受拉钢筋在施工过程中易受扰动时，表中数据尚应乘以1.1。
5. 当搭接长度范围内纵向受力钢筋周边保护层厚度为3d、5d（d为搭接钢筋的直径）时，表中数据尚可分别乘以0.8、0.7；中间时按内插值。
6. 当上述修正系数（注3～5）多于一项时，可按连乘计算。
7. 当位于同一连接区段内的钢筋搭接接头面积百分率为100%时，$l_{lE}=1.6l_{aE}$。
8. 当位于同一连接区段内纵向钢筋搭接接头面积百分率为表中数据中间值时，搭接长度可按内插取值。
9. 任何情况下，搭接长度不应小于300mm。
10. 四级抗震等级时，$l_{lE}=l_l$，详见本图集第21页。
11. HPB300级钢筋末端应做180°弯钩，做法详见16G101图集第18页。

单项能力实训题

1.AT ～ ET 型楼梯梯板只能在单跑楼梯中使用吗？两跑楼梯及多跑楼梯中能不能使用？

2.FT、GT 型楼梯板能否在单跑及三跑、多跑楼梯中使用？

3.BT 型和 CT 型楼梯与 GT 型楼梯的区别是什么？ DT 型楼梯与 FT 型楼梯的区别是什么？

4.AT 型楼梯与 ATc 型楼梯的区别是什么？

5.DT 型楼梯与 FT 型楼梯楼层及层间平板支承方式有何不同？其受力及配筋有何不同？

6. 解释图 6-54 中梯板集中标注内容。

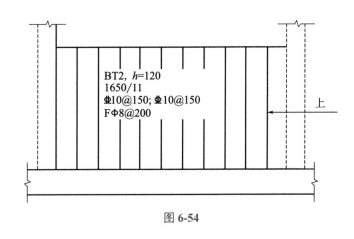

图 6-54

7. 解释图 6-55 中平台板集中标注内容。

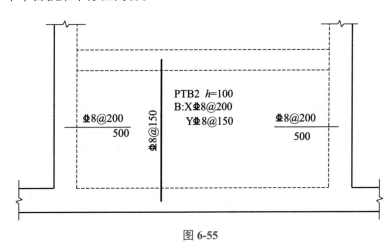

图 6-55

8. 楼梯平法施工图中必须补充的文字说明有哪些？

综合能力实训题

图 6-56 为某教学楼楼梯平法施工图，结合 16G101-1 和 16G101-2 图集画出（1）用剖面注写方式该楼梯各构件配筋详图；（2）用列表注写方式表达该楼梯各梯段配筋图。

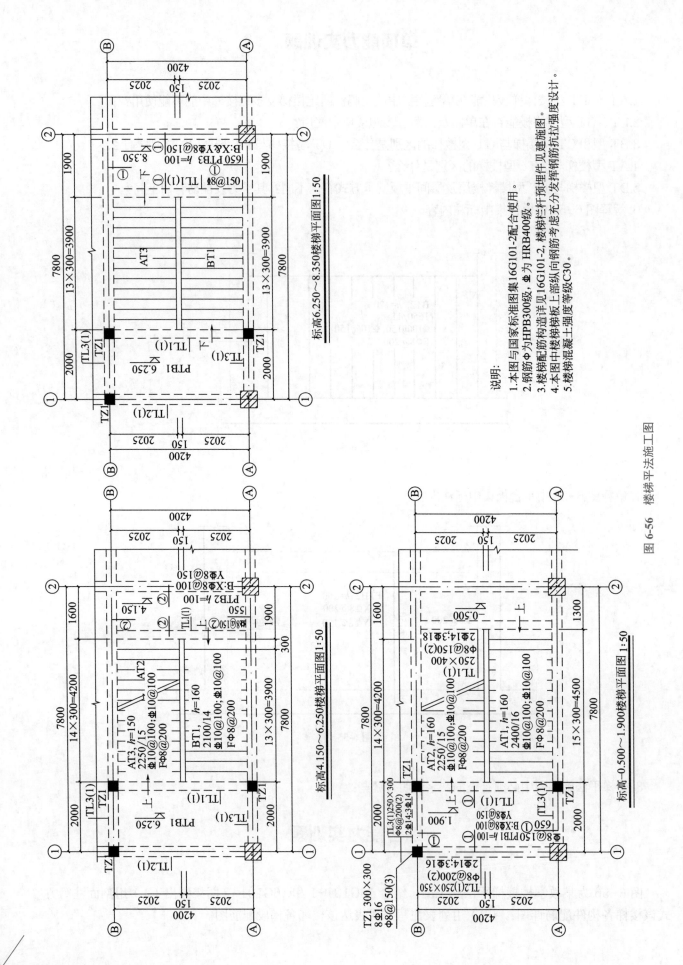

标高6.250~8.350楼梯平面图1:50

650 PTB3 h=100
B:X&Y&8@150

8.350

PTB1 6.250

标高4.150~6.250楼梯平面图1:50

PTB2 h=100
B:X&8@100
Y&8@150

4.150

AT2
AT3, h=150
2250/15
Φ10@100;Φ10@100
FΦ8@200

BT1, h=160
2100/14
Φ10@100;Φ10@100
FΦ8@200

PTB1 6.250

标高-0.500~1.900楼梯平面图1:50

-0.500

TL3(1)
250×400
2Φ14;3Φ18
Φ8@150@100
Φ10@100
Φ8@200

AT1, h=160
2400/16
Φ10@100;Φ10@100
FΦ8@200

1.900

TL3(1)250×300
Φ8@200(2)
2Φ14;3Φ14

650 PTB1 h=100
B:X&8@100
Y&8@150

TZ1 300×300
8Φ16
Φ8@150(3)

TL2(1)250×350
2Φ14;3Φ16
Φ8@200(2)

说明:
1.本图与国家标准图集16G101-2配合使用。
2.钢筋Φ为HPB300级,Φ为HRB400级。
3.楼梯配筋构造洋见16G101-2,楼梯栏杆预埋件见建施图。
4.本图中楼梯梯板上部纵向钢筋无分发挥钢筋抗拉强度设计。
5.楼梯混凝土强度等级C30。

图6-56 楼梯平法施工图

参 考 文 献

［1］ GB/T 50105—2010 建筑结构制图标准．

［2］ 陈青来．钢筋混凝土结构平法设计与施工规则．2版．北京：中国建筑工业出版社，2018.

［3］ 王文栋．混凝土结构构造手册．4版．北京：中国建筑工业出版社，2012.

［4］ 18G901-1 混凝土结构施工钢筋排布规则与构造详图（现浇混凝土框架、剪力墙、梁、板）.

［5］ 16G101-1 混凝土结构施工图平面整体表示方法制图规则和构造详图（现浇混凝土框架、剪力墙、梁、板）.

［6］ 16G101-2 混凝土结构施工图平面整体表示方法制图规则和构造详图（现浇混凝土板式楼梯）.

［7］ 16G101-3 混凝土结构施工图平面整体表示方法制图规则和构造详图（独立基础、条形基础、筏形基础、桩基础）.

［8］ 李钟亮，等．平面表示法节点与构造图解．呼和浩特：内蒙古大学出版社，2010.

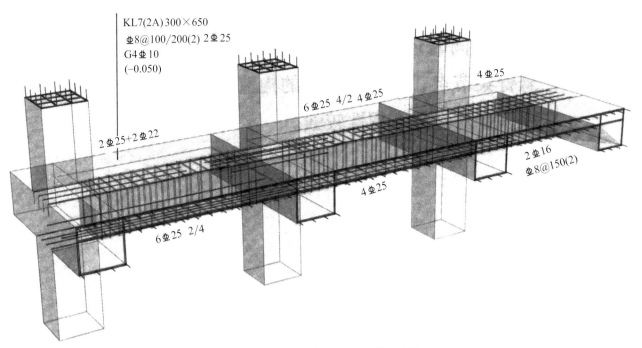

KL7(2A) 300×650
Φ8@100/200(2) 2Φ25
G4Φ10
(−0.050)

2Φ25+2Φ22

6Φ25 4/2 4Φ25

4Φ25

2Φ16
Φ8@150(2)

4Φ25

6Φ25 2/4

彩图 1 某工程框架梁 KL7 三维示意图

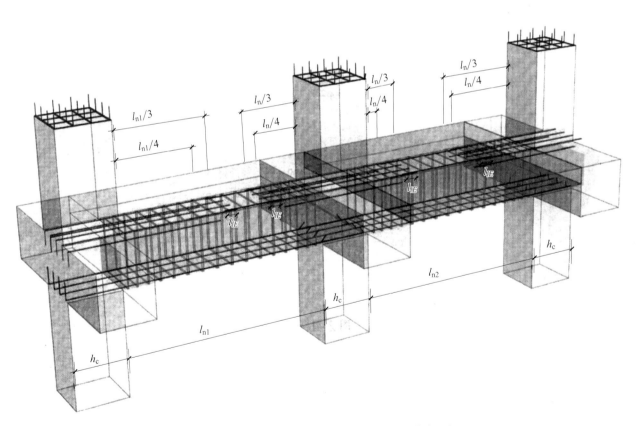

$l_{n1}/3$

$l_{n1}/4$

$l_n/3$

$l_n/4$

$l_n/3$

$l_n/4$

l_{lE}

l_{lE}

l_{lE}

h_c

l_{n2}

h_c

l_{n1}

h_c

彩图 2 楼层框架梁纵向钢筋切断点及纵向钢筋搭接示意图

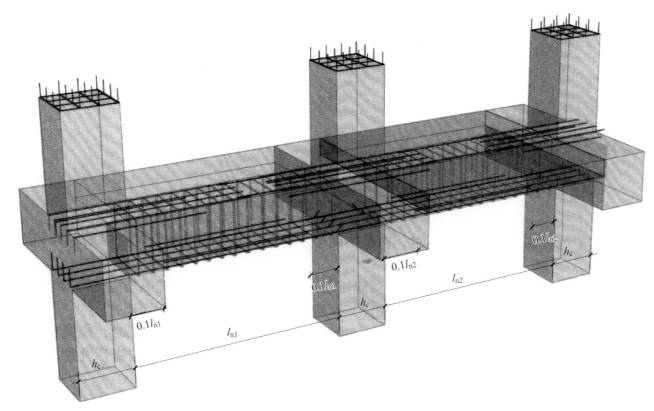

彩图3　不伸入支座的框架梁下部纵向钢筋断点位置示意图

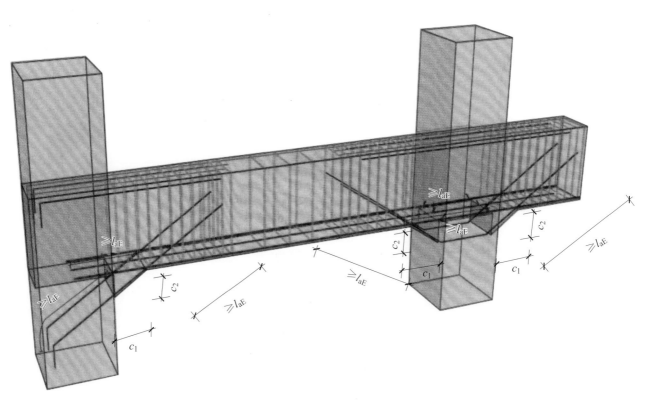

彩图4　框架梁支座竖向加腋配筋示意图

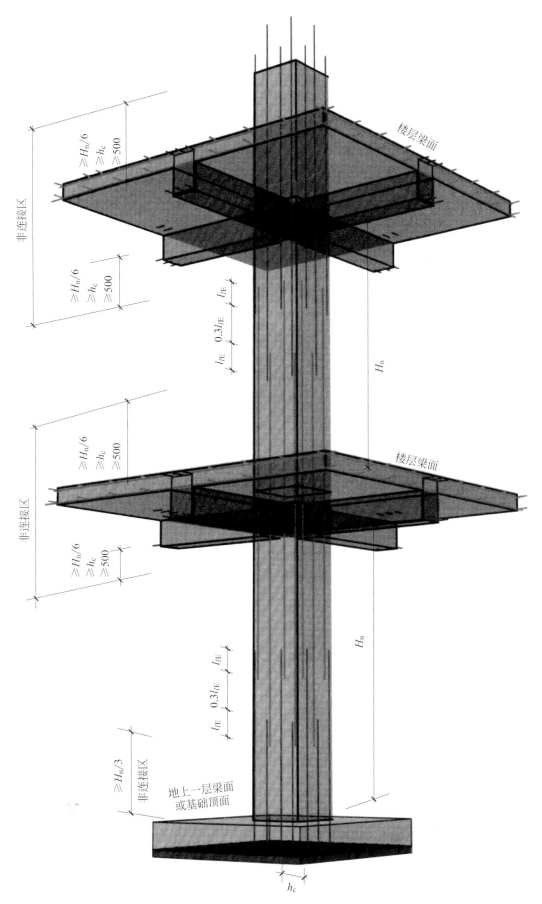

彩图 5　框架柱绑扎搭接方式示意图

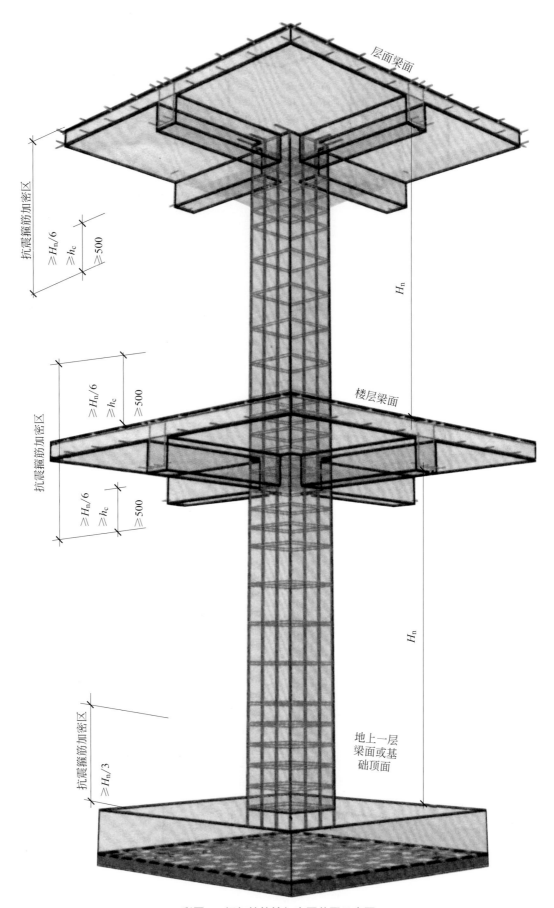

层面梁面

抗震箍筋加密区
$\geqslant H_n/6$
$\geqslant h_c$
$\geqslant 500$

H_n

抗震箍筋加密区
$\geqslant H_n/6$
$\geqslant h_c$
$\geqslant 500$

楼层梁面

$\geqslant H_n/6$
$\geqslant h_c$
$\geqslant 500$

H_n

地上一层
梁面或基
础顶面

抗震箍筋加密区
$\geqslant H_n/3$

彩图 6 框架柱箍筋加密区范围示意图

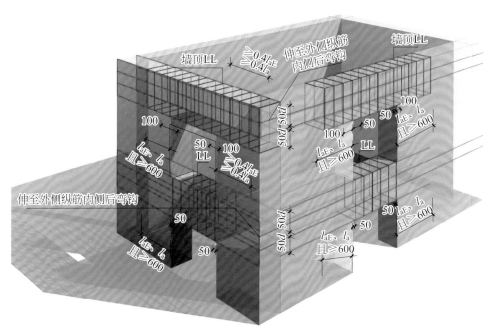

彩图 7　无对角暗撑及无交叉钢筋连梁配筋示意图

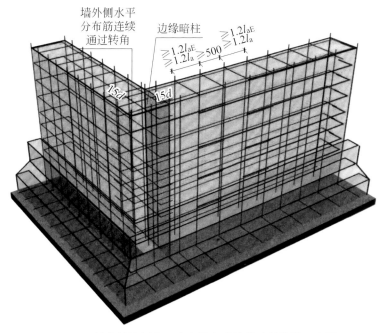

彩图 8　剪力墙外侧水平分布筋在暗柱外连接构造示意图